캠핑카 사이언스

습지 탐험 편

캠핑카 사이언스

습지 탐험 편

최부순 글·조승연 그림·이정모 감수

북멘토

감수자의 말

벌써 오래전 일입니다. 유치원에 다니던 딸과 함께 일산에 있는 고봉산 습지를 4월부터 10월 중순까지 200일 정도 거의 매일 다닌 적이 있습니다. 딸에게 올챙이를 보여 주고 싶어서 갔습니다. 하루하루 달라지는 습지 모습이 신기하기도 하고 아이가 습지 풍경을 정말 좋아했어요. 솔직히 제가 습지의 매력에 빠졌습니다.

습지는 물로 덮여 있는 땅을 말합니다. 늪, 호수 주변 또는 강이 흘러오는 곳이죠. 습지는 비가 많이 올 때는 물을 모아 둡니다. 가뭄이 들어서 다른 곳에 물이 없을 때도 습지에는 물이 있어요.

습지는 우주와 같습니다. 플랑크톤처럼 눈에 잘 보이지 않는 작은 생물부터 왜가리처럼 커다란 새까지, 개구리밥처럼 물에 떠서 자라는 수생 식물에서 늪에 뿌리를 내리고 있는 연꽃까지 다양한 생물들이 섞여 살고 있어요. 습지는 멀리서 보면 지저분해 보이지만 가까이

가서 보면 깨끗해요. 습지의 흙, 식물, 미생물이 물속에 있는 더러운 물질을 걸러 내기 때문입니다.

습지가 사라지면 어떻게 될까요? 홍수나 태풍 같은 자연재해가 발생할 때 피해가 클 거예요. 습지는 물이 한꺼번에 많이 흐르는 것을 막고 천천히 흐르게 합니다. 습지가 사라진다는 것은 새, 물고기, 개구리, 곤충 등 습지에 살고 있는 다양한 동물의 살 곳이 없어진다는 뜻입니다.

온 가족이 함께 《캠핑카 사이언스 습지 편》을 읽으면 좋겠습니다. 그리고 습지를 찾아가 보는 겁니다. 습지는 누구에게나 열려 있으니까요. 참, 아무리 멋지고 신나더라도 큰 소리는 치지 말고 소곤소곤 이야기하도록 해요. 눈에 띄는 옷은 피하는 게 좋아요. 습지에 사는 생물들에게 신경 쓰일 테니까요. 또, 습지에서는 아무것도 남기지 말고, 아무것도 가져오지 마세요. 발자국만 남기고, 사진만 찍어 오세요. 습지는 모두의 우주니까요.

이정모 (펭귄각종과학관장, 전 국립과천과학관장)

작가의 말

여러분 캠핑 하면 뭐가 떠오르세요?

불맛 나는 바비큐 요리, 캠프파이어, 쏟아질 듯한 밤하늘의 별빛, 자연과 함께하는 다양한 놀이. 여기저기서 여러분의 목소리가 들려오는 것 같아요. 만약, 여러분 집 앞에 캠핑카가 기다리고 있다면 어디로 가고 싶나요? 시원한 물이 있는 곳, 아니면 숲, 두 곳을 한 번에 경험할 수 있다면 정말 좋겠죠.

캠핑은 자연 속에서의 특별한 경험을 선물해 준답니다. 예상하지 못한 일들을 직접 해결하기도 하고요. 집에서 보는 TV나 스마트폰의 영상 속에서의 지식이 아닌, 살아 있는 경험을 얻을 수 있는 곳이죠. 자연에서 일어난 일들을 직접 경험해 보고 체험하면 과학 원리도 알 수 있어요. 그러다 보면 어느새 한층 성장하는 자신을 느낄 수 있을 거랍니다.

이 책의 주인공 가람이와 가영이는 캠핑지에서 습지를 찾았어요. 습지라고 하면 축축하고 벌레들이 많은 곳이라고 생각할 수도 있어요. 가람이와 가영이도 처음에는 그랬어요. 하지만 이번 습지 캠핑을 통해 다양한 경험을 하면서 습지의 소중함을 다시금 느꼈어요. 생태계의 보물 창고인 습지는 우리나라에 많이 분포되어 있답니다. 습지에는 다양한 동물과 식물이 살고 있어 자연의 교과서라고 할 수 있어요. 습지로의 여행은 생태계와 생물 다양성을 경험하며, 동물들을 만나고 배우는 소중한 기회랍니다. 이 특별한 캠핑카 여행은 여러분의 호기심과 상상력을 자극하며 즐거움과 소중한 추억을 만들어 나갈 것입니다.

 자, 그럼 우리 다 함께 습지 탐험을 시작해 볼까요? 습지에 어떤 보물이 숨어 있을지 찾을 준비가 되었다면 지금 출발합니다.

최부순

차례

감수자의 말　4
작가의 말　6
등장인물　10

프롤로그
생태 체험　14
깔 나갈 유튜버의 캠핑 사이언스 궁금해 습지!　22

습지 캠핑 시작!　24
깔 나갈 유튜버의 캠핑 사이언스 과학 원리 연소　34
살아 있는 과학 체험 보고서 모기 퇴치 식물　36

습지 물속 검은 물체　38
깔 나갈 유튜버의 캠핑 사이언스 늪의 형생 과정　48
살아 있는 과학 체험 보고서 습지 탐험 준비　50

습지 청소부　52
깔 나갈 유튜버의 캠핑 사이언스 수생 식물 개구리밥의 역할　62
살아 있는 과학 체험 보고서 습지 탐험　64

수생 식물 66
짤 나갈 유튜버의 캠핑 사이언스 수생 식물 통기 조직 관찰 74
살아 있는 과학 체험 보고서 수생 식물 구분 76

새똥 소동 78
짤 나갈 유튜버의 캠핑 사이언스 쌍안경 사용 방법 86
살아 있는 과학 체험 보고서 새 관찰 88

검은 숟가락 90
짤 나갈 유튜버의 캠핑 사이언스 습지에 사는 다양한 보호 생물들 100
살아 있는 과학 체험 보고서 저어새 관찰 102

습지 지킴이 104
짤 나갈 유튜버의 캠핑 사이언스 저어새 주요 번식지 112
살아 있는 과학 체험 보고서 우리나라 습지 지도 114

에필로그
습지 탐방 도장 깨기 116

부록
우리나라의 람사르 습지 120

등장인물

한가람

초등학교 6학년 남학생. 식성도 좋고 넉살도 좋다. 승부욕이 강하지만 동생 한가영에게 지는 일이 다반사. 언젠가 제대로 오빠 노릇을 하겠다는 다짐을 하루에도 몇 번씩 한다. 덜렁거리고 겁이 많지만 가끔 엉뚱한 생각으로 위기 탈출에 극적인 단서를 제공한다.

한가영

한가람의 한 살 아래 여동생. 엄마의 똑부러지는 성격을 그대로 물려받음. 돌려 말하는 것을 싫어하고 생각하는 것을 바로 말하는 탓에 주위로부터 까칠하다는 평을 많이 듣는다. 초등학교 5학년이지만 아는 것도 많고 야무져서 세 남자(아빠, 오빠, 삼촌)의 허술함을 채워 주는 똑똑이.

아빠

육군 특전사 출신이라는 것을 최고의 자랑으로 여긴다. 지금은 평범한 회사원이지만 늘 자연의 품을 그리워한다. 주말 아침마다 <나도 자연인 이다> TV 프로그램을 보는 게 취미. 몇 년간 모은 돈으로 아내 몰래 중고 캠핑카를 샀다.

엄마

캠핑보다는 호캉스를 선호하는 탓에 캠핑에 따라나서지 않는다. 온라인과 오프라인의 모든 정보를 동원해 가람이와 가영이가 캠핑가서도 공부할 수 있도록 <살아 있는 과학 체험 보고서>를 만든다. 웬만해선 실수하지 않지만 휴대폰이나 TV 드라마에 빠지면 빈틈이 생긴다.

삼촌

엄마의 하나뿐인 남동생. 한때 과학자가 되고 싶어 박사 과정 진학에 도전했으나 성적 부진으로 실패. 지금은 과학 유튜브 채널을 열어 과학 지식을 소개하고 있다. 현재는 구독자 일흔여덟 명이지만 기필코 실버 버튼을 받겠다며 어디든 카메라를 들이민다. 호기심도 많고 겁도 많다.

프롤로그

생태 체험

다음 주까지 생태 관찰 탐구 보고서를 써야 하는데, 어떻게 해야 더 잘할 수 있을지 고민이 됐다. 나는 우선 핸드폰으로 보고서를 잘 쓰는 방법을 검색했다.

"오빠, 지금 뭐 해? 혹시 게임 해?"

"아, 깜짝이야! 자료 검색하고 있었어. 그리고 이렇게 오래된 핸드폰으로 게임이 깔리냐?"

갑자기 다가온 가영이에게 나는 핸드폰을 바투 들이대며 투덜거렸다. 구형 핸드폰이라 검색 한 번 하려고 해도 한참 기다려야 하는데, 게임 이야기를 해서 짜증이 났다.

"그런데 왜 불러도 대답을 안 해? 삼촌이 보여 줄 게 있대."

삼촌은 거실 바닥에 앉아 카메라 렌즈를 닦으며 흥얼거렸다. 얼굴에는 흐뭇한 미소가 가득했다.

"와! 삼촌 이게 뭐야, 엄청 비싸 보이는데?"

나는 처음 본 카메라가 신기해 이리저리 살폈다.

"가람아, 가영아! 삼촌이 저번에 동굴 조난 당시 찍은 유튜브가 조회수 5만을 달성했지 않니. 지금은 시들해져 아쉽기는 하지만, 그래도 5만 달성하는 게 보통 일은 아니지. 그래서 그 기념으로 성능이 좋은 카메라 하나 샀어. 이거로 사진을 찍으면 200미터 밖에 있는 것도 선명하게 보여."

삼촌은 카메라를 보물 다루듯 만지면서 나한테 조심스럽게 건넸다.

"카메라가 제법 무게가 있네?"

나는 두 손으로 카메라를 잡았다. 생각보다 무거웠다. 카메라 렌즈의 크기가 크고 길이도 길쭉해서 특이해 보였다.

"망원 렌즈 때문에 그래. 좋은 사진을 찍으려면 그 정도 무게쯤은 충분히 감당할 수 있지. 그리고 이 카메라는 손으로 쥐었을 때 그립감이 정말 좋아."

"그래? 삼촌, 그럼 나도 망원 렌즈 한번 돌려 봐도 돼?"

"먼저 왼손으로 카메라를 잡고, 카메라 파인더에 한쪽 눈을 맞춰. 그리고는 오른손으로 렌즈를 좌우로 돌리면서 초점을 맞춰 봐."

나는 카메라를 들고 렌즈를 앞으로 당겼다 뒤로 당겼다 했다. 렌즈를 앞으로 쭉 당겨 보는데 시커먼 물체가 보여 깜짝 놀랐다.
 "가람아, 잘 보이니?"
 카메라 앞에 아빠가 턱하니 서 있었다. 아빠도 신기한 듯 기웃거리다가 다시 핸드폰을 봤다. 주말만 되면 TV 리모컨을 끼고 살던 아빠의 관심이 이제는 유튜브로 바뀌었다. '캠핑하기 좋은 장소'를 보고 있는 아빠에게 대회 안내문을 보여 줬다.
 "아빠, 환경시에서 주최하는 생태 관찰 탐구 대회가 있는데요, 생생

한 체험을 바탕으로 사진과 영상까지 첨부해서 생태 관찰 탐구 보고서를 작성하면 높은 점수를 준대요. 저 이 대회에 나가고 싶은데……."

어느새 안방에 있던 엄마가 내 옆에 가까이 와 있었다. 엄마는 아빠 손에 있는 안내문을 낚아챘다. 엄마 옆에 있던 가영이가 안내문을 소리 내서 읽었다.

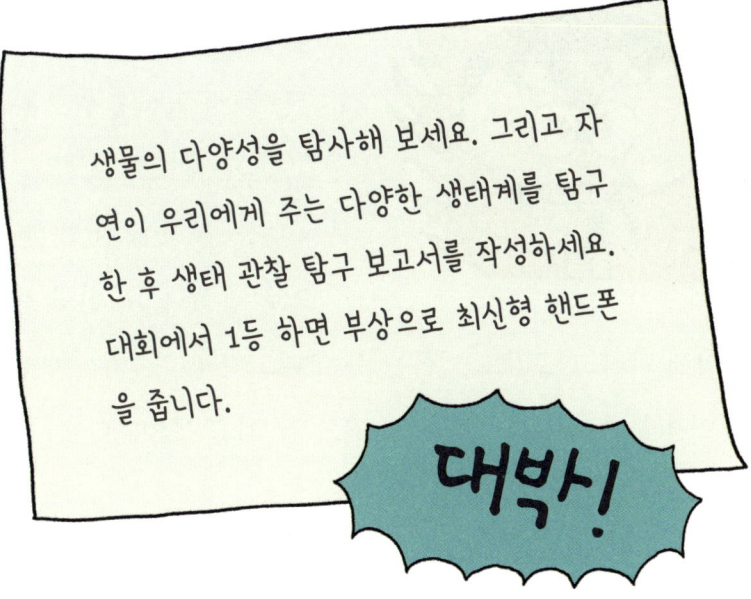

생물의 다양성을 탐사해 보세요. 그리고 자연이 우리에게 주는 다양한 생태계를 탐구한 후 생태 관찰 탐구 보고서를 작성하세요. 대회에서 1등 하면 부상으로 최신형 핸드폰을 줍니다.

대박!

"오! 핸드폰을 준다는데. 대박!"

가영이의 말에 아빠와 삼촌이 동시에 눈을 동그랗게 뜨고 나를 바라봤다.

"그럼, 그렇지. 어쩐지 네가 공부에 관심을 보인다고 했어.

삼촌이 웃으면서 말했다.

"아직도 이런 구형 핸드폰을 가지고 다니는 사람은 저밖에 없어요. 이번 대회에 꼭 1등 해서 최신형 핸드폰을 갖고 말 거예요."

나는 결의에 찬 듯한 표정으로 말했다. 최신형 핸드폰으로 바꿔 달라고 졸라도 엄마는 안 된다고만 했다. 최신형 핸드폰이 있으면 곧바로 검색도 하고 사진도 잘 찍고 무엇보다 신형 게임도 마음대로 할 수 있다. 그때였다.

"그렇다면 우리가 가람이의 새로운 도전에 도움을 줘야지."

갑자기 아빠가 내 말을 거들었다. 아빠 눈빛이 유난히 반짝거렸다. 나는 단숨에 아빠의 속셈을 알아챌 수 있었다. 나의 새로운 도전이 아빠에게는 캠핑을 할 좋은 기회라 생각하는 듯했다.

"엄마! 저, 이번 대회에 나가서 꼭 1등하고 싶어요. 그러니 생태 관찰 탐구 보고서 멋지게 제출할 수 있게 도와주세요."

난 간절한 눈빛으로 엄마를 쳐다봤다. 엄마는 고민이 되는 듯한 표정을 지었다. 그러더니 잠시 후 뭔가 결심한 듯 말했다.

"흠, 놀기만 하는 건 아니네. 과학 탐구도 되고……. 좋아! 대신 조건이 있어. 엄마가 정해 준 미션을 해결하고, 캠핑하는 2박 3일 동안 매일 관찰한 내용을 꼭 기록해야 해."

"야호!"

엄마 말에 나는 자리에서 벌떡 일어나 엄마를 껴안았다. 최신형 핸드폰만 내 손에 안긴다면 무엇이든 다 할 수 있다. 소파에 앉은 아빠는 입 모양으로 파이팅을 하며 주먹을 불끈 쥐었다.

"그런데 엄마, 생태라 하면 생물이 살아가는 모양을 직접 봐야 하는 거잖아요. 그래야 자연의 원리도 알 수 있고, 소중함도 느낄 수 있는 거고……."

옆에 있던 가영이가 말했다.

"그렇지! 그래야 생생한 체험을 바탕으로 생태 관찰 탐구 보고서가 나올 수 있고."

"그러면 새들이 많은 곳으로 가면 어떨까?"

덩달아 삼촌까지 나섰다. 삼촌은 카메라를 자랑하고 싶어서 그런 건지, 새 사진을 찍을 기회라 생각하는지 모르겠지만. 삼촌 얼굴이

신이 나 보였다.

"오염되지 않고, 자연 그대로 있는 곳이면 좋겠지. 물과 땅이 함께 있는 곳, 다양한 동식물이 머무르는 곳! 그런 곳이 어디일까?"

"글쎄요…… 산?"

엄마 말에 가영이가 답했지만 엄마는 고개를 저었다.

"그럼, 바다?"

"아니! 거기도 아니고, 아주 작은 플랑크톤부터 커다란 살쾡이까지. 서로 먹고 먹히는 거대한 먹이 사슬이 생기는 곳. 자연의 콩팥이라고 불릴 정도로 생태계에서 중요한 역할을 하는 곳."

"오호라, 습지로군요?"

삼촌이 말했다.

"맞아. 습지는 오염 물질을 걸러 주는 역할을 하고, 지구 면적의 6%, 지구상 모든 생물 종의 40%가 살아가고 있는 곳이지."

며칠 전 엄마는 다큐멘터리 프로 환경 스페셜에서 습지를 다루는 프로그램을 봤는데 습지 종류가 다양하다고 했다.

"습지는 축축한 땅이잖아요. 더럽고 이상한 벌레나 사는 곳 아니에요?"

가영이가 머리를 절레절레 흔들었다. 가영이는 벌레를 몹시 싫어하고, 특히 모기라면 더 질색한다.

"가영아, 꼭 그런 곳만은 아니야. 습지에는 아주 다양한 생물이 살고 있거든. 또, 유일하게 육지 생태계와 수생 생태계를 동시에 만날 수 있는 독특하고 멋진 곳이지."

요즘 캠핑 장소 물색을 위해 공부한 티를 내면서 아빠가 말했다.

"백문이 불여일견! 직접 경험해 보고 자연의 소중함을 느낄 수 있는 최적의 장소. 가람이의 새로운 도전과 가영이의 새로운 경험을 위한 습지로 캠핑 가는 걸 허락합니다."

엄마의 발표에 가영이는 미션이 무엇인지 물었다. 하지만 엄마는 내일을 기대하라고만 했다. 도대체 어떤 일이 벌어질지 가슴이 두근거렸다.

 잘 나갈 유튜버의 캠핑 사이언스 **궁금해 습지!**

습지 캠핑 시작!

알람 소리가 필요 없는 아침이었다. 나는 생태 체험에 대한 설렘으로 눈이 번쩍 뜨였다. 가영이도 벌써 일어났는지 엄마한테 강력한 모기 퇴치제를 찾아 달라고 말하는 소리가 들렸다. 캠핑 일정을 서두르기 위해 부지런히 짐을 챙겨 캠핑카에 실었다.

"가람이와 가영이는 아빠와 삼촌과 함께 미션을 잘 수행하도록! 목표가 분명해야 생생한 체험을 할 수 있겠지. 캠핑하는 동안 〈살아 있는 과학 탐구 보고서〉 안에 적혀 있는 미션도 수행해 오고."

"엄마, 이런 걸 언제 만들었어요?"

제법 두꺼운 보고서에 깜짝 놀랐다.

"인터넷에서 찾은 과학 탐구 대회에 대한 정보를 바탕으로 엄마가 밤새 만들어 봤어. 대회용 보고서와는 다르겠지만, 관찰한 후 기록을 잘해 놓으면 아무래도 1등 할 가능성이 더 높지 않을까? 그리고 가영이도 기록을 잘해 놓으면 과학 공부에 도움이 될 거야."

"저도요?"

가영이는 뾰로통한 얼굴로 엄마를 쳐다봤다.

"당연하지."

엄마는 두툼한 〈살아 있는 과학 탐구 보고서〉를 줬다. 그런 뒤, 자동차 안에서 먹으라며 오렌지와 방울토마토가 담긴 통을 건넸다. 오렌지는 나와 가영이가 제일 좋아하는 과일이다. 방울토마토는 별로 좋아하지는 않는데, 아무래도 아빠와 삼촌 먹으라고 챙겨 준 것 같았다.

아빠는 자동차 시동을 힘차게 걸고 출발했다.

우리가 탄 차는 습지를 향해 달리기 시작했다.

"오빠, 다 온 것 같아. 차가 멈췄어."

가영이가 나를 흔들어 깨웠다. 차에 탄 뒤 엄마가 준 오렌지를 먹었던 것까지는 기억이 나는데, 그다음부터는 곧장 잠에 곯아떨어져서 기억이 나지 않았다.

자동차 속도가 점점 줄어들더니 멈췄다. 엄마가 저장해 놓은 내비게이션의 목적지 주소는 경상도 어디였다. 차창 밖으로 펼쳐진 풍경에 조금은 실망스러웠다. 특별하게 솟은 산이 있는 것도 아니고, 멀리서 보니 갈대숲과 초록색 풀만 가득했다.

목적지에 도착했다는 내비게이션 안내 음성이 마치 엄마 목소리 톤과 비슷해 깜짝 놀랐다. 잠시 후 화면에는 미션을 알리는 메시지가 떴다.

"아니, 이번 미션은 죄다 검은색이야? 뭔가 으스스한걸! 느낌이 좋지 않아."

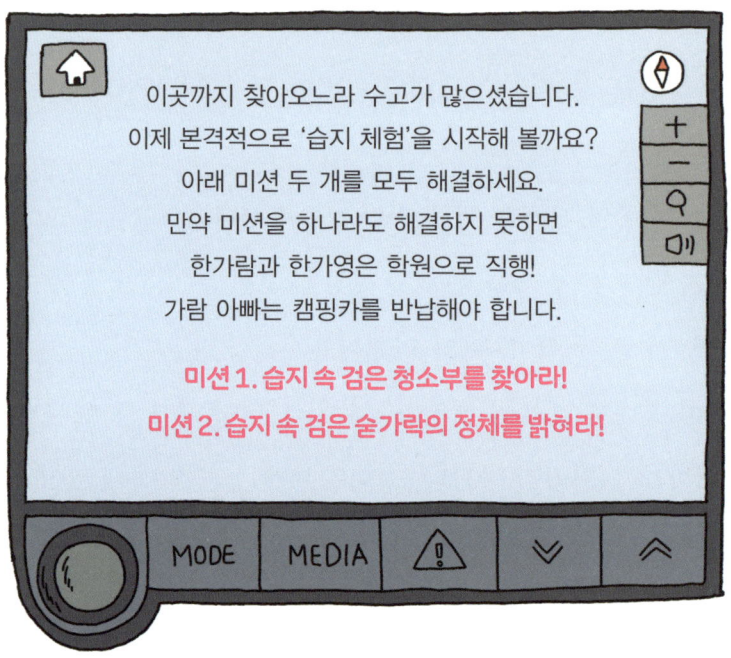

미션을 읽은 아빠가 눈을 동그랗게 뜨고 말했다. 아빠는 애지중지 여기는 캠핑카를 엄마한테 반납할까 봐 조바심이 난 듯했다. 나도 공연히 가슴이 두근거렸다.

"가영아, 일단 검은색만 찾으면 미션을 해결하는 게 빨라지지 않을까? 혹시 검은색을 띤 동물이 뭘까? 음…… 검은색…… 검은색 토끼, 까마귀?"

"오빠, 엄마가 그렇게 쉬운 미션을 했겠어? 그건 습지가 아니더라도 볼 수 있잖아."

"오, 가영이 너 똑똑하다!"

나와 가영이가 토닥거리는 사이 아빠는 습지 캠핑장에 주차를 했다. 창밖을 보니 벌써 캠핑하는 사람들이 보였다.

"너희, 배고프지? 캠핑이 시작되는 대망의 첫날, 요리는 아빠가 할게."

미션을 잘 수행하려면 배가 든든해야 생각도 잘 난다며 아빠가 나섰다. 아빠는 요리 준비를 하고, 나와 가영이는 그늘막 텐트를 치는 삼촌을 도왔다.

"앗, 따가워,"

가영이는 모기에 물렸다고 호들갑을 떨며 벌떡 일어나, 엄마가 챙겨 준 모기향을 가지러 다시 캠핑카 안으로 들어갔다.

"오빠, 가방에 모기향이 없는데…… 안 챙겼어?"

한참 있다 나온 가영이는 입을 삐죽거리며 나를 흘겨봤다. 앗! 출발하기 전 가영이가 배낭에 짐이 많다고 했다. 각종 모기 퇴치제를 담은 작은 가방을 내 배낭에 넣으라고 줬다. 그런데 캠핑 갈 생각에 성급하게 나오느라 작은 가방을 책상 위에 올려놓고 그냥 나온 거다. 그 가방 안에는 모기 퇴치 팔찌, 전자 모기향, 나선형 모기향 등 모기 퇴치제 여러 종류가 들어 있었다.

"아니, 그게 말이지……. 두, 두고 왔어."

나는 미안한 마음에 얼버무렸다.

"대신 내가 모기 퇴치제가 될게."

나는 가영이 근처에 날아다니는 모기와 하루살이, 벌레들을 쫓으려 양손으로 휘휘 저었다.

"뭐야, 오빠 때문에 나까지 생태 체험하러 오게 해 놓고선, 모기 퇴치제도 안 챙기고 뭐 했어? 나 당장 집에 갈래. 나는 모기가 좋아하는 체질이란 말이야. 모기에 잘못 물리면 일본 뇌염도 걸릴 수 있어. 난 모기에 물리면 밤새 가려워 잠도 못 잔다고. 그리고 모기가 내는 웽웽거리는 소리 정말 싫어."

가영이는 벌써 모기에 물렸는지 손등과 다리를 벅벅 긁었다. 가영이는 가족 중에 제일 모기에 잘 물려 여름철만 되면 더 신경을 쓰는 편이었다. 그런데 내가 이런 실수를 했으니 큰일이었다. 최신형 핸드폰이 눈앞에 아른거렸다. 어떻게 해서든 가영이 마음을 달래야만 했다.

"가람아, 캠핑카 안에서 모기향 스프레이 본 것 같은데, 얼른 들어가서 찾아봐."

삼촌이 가영이 팔에 모기약을 발라 주면서 말했다.

"잠깐만, 잠깐만……."

나는 캠핑카 안으로 잽싸게 들어갔다. 이리저리 구석구석을 다 뒤져 봤다. 의자 한쪽 구석에 세워진 스프레이가 보였다. 모기를 쫓기에는 역부족이겠지만, 그나마 다행이었다.

스프레이는 양이 얼마 남지 않은 듯 가벼웠다. 일단 급한 대로 모기 스프레이를 흔들어서 가영이 앞에 마구 뿌렸다.

"오빠, 스프레이를 사람이 있는 쪽으로 뿌리면 어떻게 해. 내가 모기야? 살충제 성분은 사람한테 좋지 않단 말이야."

가영이가 손바닥으로 입과 코를 막으며 투덜댔다.

"어, 맞다. 미안, 미안."

습한 날씨와 주변에 있는 많은 풀과 나무 때문에 모기와 벌레들이 자꾸 달려들었다. 여기저기 웽웽거리는 모기들을 손바닥으로 탁탁 잡았다.

"삼촌, 도대체 사람한테 해만 끼치는 모기가 왜 있는 거야? 모기가 전염병까지 옮겨서 사람들이 죽기도 한다고 하던데?"

모기는 일본 뇌염, 말라리아 등 각종 전염병을 퍼뜨려. 하지만 모든 모기가 나쁜 건 아냐. 지구상의 모기는 3,500여 종, 그중 인간에게 해를 끼치는 모기는 10여 종에 불과해. 습지에 사는 모기 유충은 나뭇잎이나 유기물 찌꺼기를 처리하지. 모기가 없다면 모기를 먹이로 먹는 도마뱀, 개구리, 새, 꽃도 없어질걸.

가영이가 입을 삐죽대며 말했다.

가영이 눈치를 살피던 나는 얼른 아빠 핸드폰으로 '캠핑장에서 모기약이 없을 때 꿀팁 없나요?'라고 검색했다. 검색 결과 모기와 벌레는 자극적인 식물의 향을 싫어한다고 나왔다. 다행히도 자극적인 향을 가진 식물 중 산에서 주로 볼 수 있는 산초나무는 습지 근처에서도 찾을 수 있다고 했다.

"당장이라도 산초나무를 찾아보자."

"오빠, 산초나무를 실제로 본 적도 없잖아. 해가 지고 있는데 언제 산초나무를 찾는다는 거야?"

가영이는 터무니없다는 듯 말했다.

"그럼, 어떡해?"

그때 아빠가 싱긋 웃으며 말했다.

"산초나무를 찾는 것보다 더 빠른 방법이 있지. 모기를 죽이지 않고 모기가 오는 것을 막는 거야. 습지에 사는 작은 생명도 보호해야지."

"그게 뭔데요?"

"천연 모기향! 조금 전에 뿌렸던 모기 살충제는 화학 성분이 있어서 사람한테도 좋지 않아. 모기는 자극적인 식물의 향을 싫어하거든."

아빠는 캠핑카 안으로 들어가더니 아까 우리가 오렌지를 먹고 남긴 오렌지 껍질이 담긴 통과 스테인리스 접시를 가지고 나왔다. 아빠는 오렌지 껍질이 담긴 통에서 마른 오렌지 껍질을 꺼내 스테인리스 접시에 담았다. 그런 다음 가스 토치로 오렌지 껍질에 불을 붙여 태웠다. 그러자 오렌지 향이 주변에 퍼졌다.

"아빠, 이렇게 하면 모기가 안 와요?"

"그럼. 오렌지 껍질 안에는 모기가 싫어하는 '리모넨'이라는 살충 성분이 들어 있거든."

"좋은 생각이 떠올랐어요. 오렌지를 활용해 오랜 시간 모기를 쫓아내는 방법이 또 있어요."

삼촌은 무슨 생각인지 오렌지가 담긴 비닐봉지를 가지고 왔다. 그러더니 오렌지를 반으로 잘라 오렌지 가운데 있는 흰 심지가 잘리지 않도록 오렌지 과육을 살살 빼냈다. 그런 다음 그 안에 오렌지 심지가 완전히 잠기기 전까지 식용유를 부었다. 그리고 오렌지 흰 심지에 불을 붙였다.

"와! 양초 같아. 예쁘고, 은은한 향까지 너무 좋은걸."

가영이가 오렌지 향초에 코를 대더니 씩 웃었다.

나는 안도의 한숨을 내쉬었다. 모기 때문에 계획에 차질이 생길 일은 벌어지지 않게 되었기 때문이다. 향긋한 오렌지 냄새와 함께 타닥타닥 타오르는 작은 불꽃 소리를 들으니 마음이 한결 편해졌다.

"배고프지. 아빠가 맛있는 부대찌개 끓여 줄게."

"후식으로 방울토마토 먹어요."

가영이가 방울토마토가 담긴 통을 흔들며 말했다.

"방울토마토가 있었어. 방울토마토로도 모기를 쫓을 수 있는데……."

"어떻게요?"

"토마토에 들어 있는 '토마틴'이라는 성분에서 나는 냄새를 모기나 벌레들이 엄청 싫어해. 그래서 토마토를 썰어서 접시에 담아 자기 전에 머리맡에 두거나, 야외 활동 시 피부에 바르면 모기가 오지 않아."

아빠는 방울토마토를 한 입 베어 먹고, 나머지는 팔다리에 발랐다. 토마토 냄새가 살살 풍겼다. 삼촌도 따라 했다.

"너희들도 어서 발라!"

"삼촌, 방울토마토는 그냥 후식으로 먹을래."

나는 손사래를 치며 말했다. 별로 좋아하지도 않은 방울토마토를 몸에 바르고 싶지 않았다.

얼렁뚱땅 요리한 것 같았지만 아빠의 부대찌개 맛은 일품이었다. 햄이 들은 부대찌개 국물을 즉석밥에 수북하게 얹었다. 그런 뒤 싹싹 비벼 한 그릇을 뚝딱 먹었다. 툴툴거렸던 가영이는 찌개에 있는 라면 사리까지 먹느라 조용했다. 대망의 캠핑 첫날은 아빠 덕분에 위기를 벗어날 수 있었다. 배는 부르고 긴장했던 마음이 가라앉자 눈꺼풀이 저절로 감기기 시작했다.

 잘 나갈 유튜버의 캠핑 사이언스 **과학 원리 연소**

친환경 모기 퇴치제 만들기

준비물 : 오렌지, 식용유, 칼, 도마, 숟가락, 라이터

1. 오렌지를 옆으로 눕혀 반으로 잘라 주세요.
2. 심지가 잘리지 않도록 오렌지 과육을 숟가락으로 조심히 제거해 주세요.
3. 오렌지 심지가 완전히 잠기기 전까지 식용유를 부어 주세요.
4. 오렌지 심지에 라이터로 불을 붙여 주면 완성입니다.

연소의 원리

연소를 위해서는 '산소, 탈 물질, 발화점 이상의 온도' 이 3가지 조건을 모두 갖춰야 해요. 심지에 불이 붙고, 열에 의해 심지에 묻어 있는 식용유가 가열되고, 심지 불꽃 안쪽의 속불꽃 부근에서 액체 상태 식용유는 기화돼요.
기화란 액체 상태 물질이 기체 상태의 물질로 되는 현상이에요. 기화된 연기는 불에 타면서 많은 열과 빛을 내요. 식용유는 심지를 타고 올라가면서 속불꽃에 연료를 제공해요. 심지 길이가 전부 줄어들거나 식용유가 전부 소진되지 않으면 오렌지 향초는 계속 탑니다.

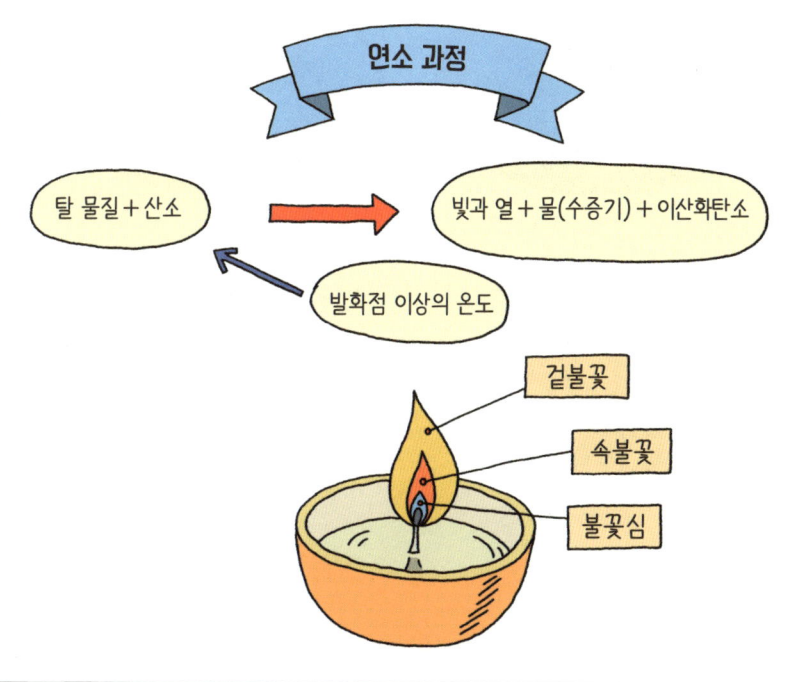

35

 살아 있는 과학 체험 보고서 모기 퇴치 식물

년　월　일　요일	

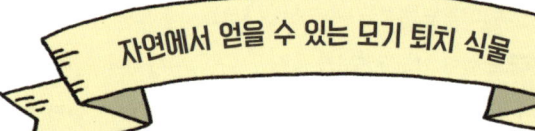
자연에서 얻을 수 있는 모기 퇴치 식물

산초나무

구문초

라벤더

페퍼민트

여름철! 앵앵거리는 소리와 참을 수 없는 가려움으로 모기와 전쟁을 치러야 한다. 시중에 파는 모기약은 화학 성분이 들어 있어 인체에 안 좋다. 자연에서 얻을 수 있는 모기 퇴치 식물은 사람에게 해롭지 않으면서 모기를 쫓는다. 식물에 대해 잘 알고 있는 아빠 덕분에 산초나무, 구문초, 라벤더, 페퍼민트를 습지에서 찾아볼 수 있었다.

산초나무의 산초잎에는 모기가 싫어하는 독특한 향을 가진 '산시올' 성분이 있다. 산초잎을 따서 얼굴에 붙이거나 팔다리에 문지르면 모기가 잘 오지 않는다. 구문초는 한자어로 내쫓을 구, 모기 문, 풀 초를 쓴다. 모기를 쫓아내는 풀이라는 뜻이다. 구문초는 잎과 줄기에서 짙은 향이 나는데 그 향을 모기가 싫어한다. 라벤더 향도 모기가 싫어한다. 페퍼민트는 박하 향의 멘톨 성분이 모기나 벼룩 같은 해충의 접근을 막는다.

모기 퇴치 식물을 직접 기르거나, 잎을 말려 그릇에 담아 주변에 두면 모기의 접근을 막을 수 있다. 라벤더나 페퍼민트는 정제수, 식물성 에탄올, 오일과 함께 섞어 미니 스프레이병에 담아 갖고 다닐 수 있다. 몸에 뿌려 주면 습지의 풀밭을 다녀도 모기가 오지 않는다고 한다. 다음 캠핑 때는 꼭 미리 준비해야겠다.

습지 물속 검은 물체

다음 날 이른 아침, 여름이지만 습지 공기는 축축하고 차가웠다. 옆에 있는 이불을 끌어당기다 말고 벌떡 일어났다.

"잠꾸러기 오빠가 웬일이야? 벌써 일어나고?"

가영이가 의아한 표정으로 나를 바라보았다.

"가영아, 첫 번째 미션이 습지 속 검은 청소부잖아? 식물일까? 동물일까?"

"청소한다는 것은 아무래도 움직일 수 있어야 하니……. 동물 아닐까?"

"그건 아닐걸. 꼭 동물이라고 미리 단정해서는 안 돼. 습지로 가 보자. 습지를 탐험하면서 청소부 역할을 하는 동물이나 식물을 유심히 관찰해 보자. 일단, 배가 든든해야 생각도 잘 나고, 미션도 잘 해결할 수 있겠지."

아빠가 말했다.

"빠른 미션 탐험을 위한 시간 절약! 짜잔."

삼촌이 아침 준비를 미리 해 놓았다. 우리는 캠핑카 식탁에 앉아 치즈 듬뿍 얹은 달걀 토스트와 우유를 맛있게 먹었다. 우리는 짐을 챙긴 다음, 뜨거운 햇살을 막기 위해 넓은 챙 모자를 쓰고 나갔다.

우리는 갈대와 물억새가 일렁이는 길을 따라 한참 걸었다. 얼마 가지 않아 습지 입구를 알리는 표지판이 보였다. 표지판 앞에는 생태 보존 지역이라고 크게 쓰여 있었다. 아빠가 마치 탐험 대장이라도 되는 듯 말했다.

"지금부터 습지 탐험을 시작한다. 모두 다음 규칙을 지켜야 한다. 첫째, 동물이고 식물이고 절대 만지지 않는다. 둘째, 식물과 곤충을 함부로 채집하지 않는다. 단, 허가받은 지역은 가능하다. 셋째, 습지에 사는 생물들을 위해 큰 소리로 떠들지 않는다. 그리고 마지막, 단독 행동은 아빠의 허락하에 움직인다. 알았나?"

"네! 알겠습니다."

아빠의 군대식 말투에 웃음이 나오긴 했지만 나와 가영이, 삼촌까지 한목소리로 대답했다.

주변을 둘러보니 길 반대편에는 물안개가 잔뜩 피어 있었다.

"저기 봐요. 물안개다. 멋지다."

가영이가 손끝으로 가리켰다. 금세 구름 같아 보이는 물안개가 서서히 사라지자 끝없이 펼쳐진 강물이 드러났다. 그 주변으로 이름 모를 나무들과 풀들로 초록빛이 더욱 선명했다.

"삼촌, 물안개가 왜 생기는 거야?"

"따뜻한 물이 차가운 공기와 만나면 수증기가 생겨. 이 수증기가 많아지면 물안개가 생기는 거야."

나는 저 멀리 사라져 가는 물안개 속에서 산신령, 아니 도사라도 나타났으면 좋겠다는 생각을 했다. 나는 속으로 빌었다.

'산신령님, 미션의 답을 알려 주세요.'

옛날이야기에 나오는 금도끼 은도끼 대신 엄마가 내준 수수께끼 같은 미션의 답을 알려 준다면 얼마나 좋을까?

"가람아, 뭐라고 중얼거리는 거니? 너 또 엉뚱한 생각하는 것 아니야. 궁금해서 질문했으면 고개라도 끄덕해야지?"

"어? 그만큼 습지에 물이 많다. 그 이야기지?"

"그렇지. 물안개는 수면이 얕을수록 빨리 데워지고 빨리 식으면서 많이 발생하거든. 유튜버와 사진 작가가 물안개 촬영하러 이곳으로 많이 온다던데, 진짜 멋지다."

삼촌은 말이 끝나자마자 카메라로 사진을 계속 찍었다. 풍경 감상하며 여유롭게 사진 찍으라고 여기 온 게 아닌 데 말이다.

"삼촌, 그럴 시간이 어디 있어? 습지 탐험하러 가야지."

나는 삼촌 손목을 잡고 끌어당겼다.

"멋지다. 아빠도 물안개 오랜만에 보네. 물안개가 낀 늪 풍경, 멋진걸."

"늪이라고요? 발이 쑥쑥 빠지고 빨려 들어가는 무시무시한 늪은 아니죠? 여기는 어떻게 늪이 된 거예요?"

"홍수가 나면 높아진 강물이 하천 위쪽으로 범람하면서 퇴적물이 쌓여 제방이 생기고 물이 고이게 된 거지. 그러다 축축한 진흙이 깊은 땅이 되는데 이런 곳을 늪이라고 해. 이러한 늪도 습지야."

"가영아, 혹시라도 늪에 빠지면 이 오빠가 구해 줄게."

"오빠! 우리나라 늪은 빠져나오지 못하는 그런 곳은 없거든."

가영이가 피식 웃었다.

"그런데 아빠, 습지가 어떻게 생긴 거예요?"

"자연적인 홍수 범람으로 땅이 패인 곳에 물이 고이고 퇴적물이 쌓이면서 만들어진 습지도 있고, 연안에서 밀물과 썰물이 드나들며 모래톱이 생겨 만들어진 습지도 있어."

아빠 설명을 들은 삼촌은 고개를 끄덕이며 말했다.

"우리나라 습지 중에 호수나 하천 물가에 만들어진 습지는 물이 천천히 흐르기 때문에 식물체의 분해 속도가 느려져 이탄층이 쌓이게 돼."

"이탄이 뭐예요?"

"이탄이란 석탄의 한 종류인데 식물의 잔해나 부식된 토양이 쌓이면서 생기는 물질이야. 이러한 습지는 다양한 동식물의 서식처로 좋은 환경이야. 들리지? 저 새 소리, 그래서 새를 탐사하기에도 딱 알맞고!"

삼촌은 새 소리를 듣는 표정을 지었다. 습지에 도착한 순간부터 이름 모를 다양한 새 소리가 끊이지 않은 걸 보니 새가 많긴 한 것 같았다. 아빠와 삼촌 설명을 들으니 습지에 어떤 동식물이 살고 있을지 궁금했다. 나는 검은 청소부를 찾기 위해 이리저리 주위를 살펴봤다. 하지만 초록과 푸른 하늘, 화려한 색깔을 띤 꽃들만 보이지 검은색을 띤 물체는 보이지 않았다.

"우아! 이 나무 좀 봐?"

가영이가 말했다. 나는 뭐라도 발견한 줄 알고 잽싸게 뛰어갔다. 큰 나무 옆에 작은 나무들이 서로 뒤엉켜 있었다. 나뭇잎은 초록색이지만, 물속에 반 이상 잠긴 나무줄기가 거무스레했다.

"아빠! 저 나무줄기 검은색인데요?"

"저건, 습지에서 볼 수 있는 나무들이야. 큰 나무는 왕버들나무라고 해. 그 옆에 군락을 형성한 작은 나무들은 내버들이고. 내버들은 가지와 잎이 많아서 새나 곤충, 물고기의 안식처가 되어 주지. 무성한 내버들 가지가 천적으로부터 새끼들을 보호해 주거든."

아빠 설명이 너무 길어서 귀에 들어오지 않았다.

아빠와 삼촌, 가영이가 엉켜 있는 나무들을 관찰하고 있을 때였다. 반대편 물속에서 작은 물체가 꿈틀거렸다. 물속을 자세히 들여다봤다. 물방울이 조금씩 보글보글 올라오는 것 같았다. 그리고 그

옆으로 검은 물체가 얼핏 보였다. 가방에 있는 뜰채를 꺼내 들었다. 한 발 내딛다 아래로 미끄러져 엉덩방아를 찌며 물속으로 한쪽 발이 빠졌다. 곧바로 일어나면서 검은 물체를 건졌다.

'에이! 나뭇가지잖아.'

나는 화가 나기도 했지만 실망스러워 나뭇가지를 멀리 던졌다.

"한가람! 너 혼자 다니지 말라고 했지. 습지에는 진드기도 많고 뱀도 많아. 그러다 물리기라도 하면 어떻게 하려고 해. 그리고 물속에 함부로 들어가지 말라고 했지?"

"거무틱틱한 물체가 보여서 나도 모르게 몸이 움직였어요."

아빠의 꾸지람에 멈칫하다가 고개를 푹 숙이며 물속에서 나왔다.

"오빠! 왼쪽 다리 뒤에 검은 지렁이 같은 게 붙었어!"

"뭐라고?"

물속에 빠지면서 긴바지가 말려 위로 올라갔다. 바지와 다리에 붙은 풀과 작은 벌레를 털어 내려다 검은 물체가 다리에 딱 달라붙어 있는 것을 발견했다. 검은 것을 찾았다는 마음에 손으로 잡으려고 했다. 그때 아빠가 오더니 만지지 말라고 했다.

"거머리다, 한가람. 가만히 있어."

"으악! 엄마야!"

나는 너무 무서워 벌벌 떨었다.

아빠가 거머리 새끼라며 직접 떼어 줬다. 그런 다음 거머리를 풀잎 위에 조심스럽게 내려놓았다.

"위험한 거머리를 그냥 풀어 줘요?"

"겉으로 보기에는 거머리가 징그럽고 흉해 보이지. 하지만 이런 작은 생물이 수생 생태계를 유지하는 데 중요한 역할을 한단다. 작은 곤충이나 유충을 먹이로 삼아서 생태계의 다양성을 유지해 주지. 이렇게 습지에 사는 수많은 동식물이 서로 각각의 역할을 한다고 할 수 있어."

아빠 말이 무슨 뜻인지 알겠지만 몸으로는 이해되지 않았다. 자꾸 온몸이 꿈틀거리는 느낌이 들었다. 생각보다 작은 거머리였지만 소름이 돋았다. 나는 다시는 혼자서 물속에 들어가지 말아야겠다고 생각했다.

"도대체 검은 청소부가 뭘까?"

궁금증이 점점 차올랐다.

 **잘 나갈 유튜버의 캠핑 사이언스** 늪의 형성 과정

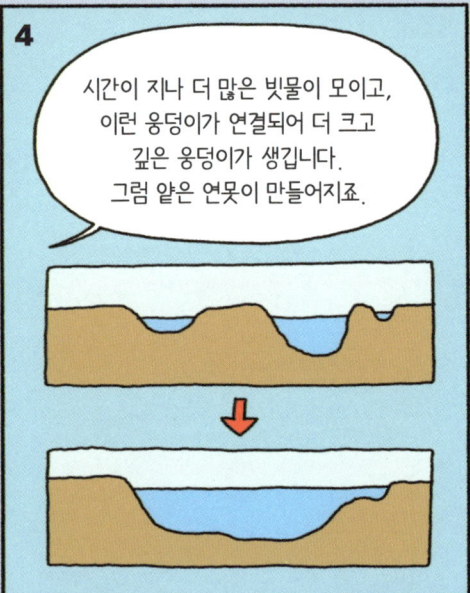

 살아 있는 과학 체험 보고서 습지 탐험 준비

년 월 일 요일	☀ ⛅ ☂ ⛄

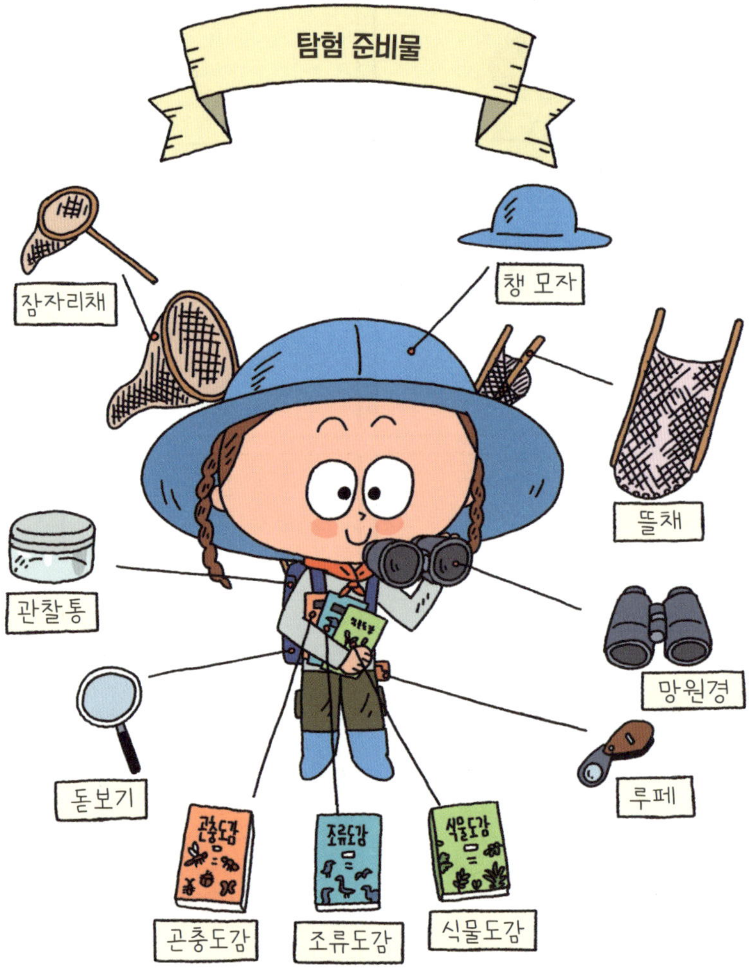

탐험 준비물

- 잠자리채
- 챙 모자
- 뜰채
- 관찰통
- 망원경
- 돋보기
- 루페
- 곤충도감
- 조류도감
- 식물도감

습지 탐험을 하려면 야외에서 활동하기 편한 옷을 입는다. 여름이라도 곤충이 많으니, 긴바지와 긴소매 옷을 입고 햇빛을 막아 줄 넓은 챙이 달린 모자를 준비한다.

습지는 자연 생태계 보존 지역이라 함부로 식물을 뽑거나 곤충을 잡지 말고 관찰해야 한다. 채집한 생물은 관찰한 후 그대로 놓아 준다. 뜰채나 잠자리채를 이용해 채집한 생물은 관찰통에 담은 후 루페를 이용해 관찰한다. 돋보기나 루페를 이용하면 작은 생물도 10배 이상으로 확대해서 볼 수 있어 더 자세히 관찰할 수 있다.

관찰한 생물은 그 특징을 찾아본다. 조류도감, 식물도감, 곤충도감을 준비하면 좋겠지만, 어른들의 도움을 받거나 핸드폰을 이용해 어떤 생물인지 찾을 수 있다. 국가 생물종 지식 정보 시스템으로 들어가면 생물 이름을 찾을 수 있다. 그런 다음 꼭 노트에 기록한다.

습지에서 본 식물이나 동물, 곤충의 특징을 바로 적는다. 그림을 그려 놓거나 사진을 찍어 두면 도움이 된다.

습지 청소부

나는 아빠가 챙겨온 수건으로 젖은 발을 닦았다. 가영이는 핸드폰을 계속 들여다보고 있었다. 내가 혼자 물속에 들어간 걸 엄마한테 일러바치면 어쩌나 걱정되었다. 엄마는 위험하다고 당장 집으로 돌아오라고 할 거다.

"가영아, 너 뭐 해?"

"도저히 검은 청소부가 뭔지 몰라서, 엄마한테 힌트 하나만 달라고 했어. 답변 기다리고 있는데, 오빠는 왜 이렇게 놀라는 거야?"

"그게 아니라……."

나는 할 말이 없어 머뭇거렸다.

그때 엄마한테 답변이 왔다.

> 금개구리의 등은 밝은 녹색이고, 배 부분은 노란색이다. 밝은 녹색 등 양쪽에 굵고 뚜렷한 금색 줄 2개가 뚜렷하다.

"아니, 힌트가 금개구리라고?"

금개구리와 검은 청소부가 어떤 연관이 있을지 우리 모두 고개를 갸우뚱했다. 힌트는커녕 더 어려운 수수께끼를 받은 기분이었다.

"일단 금개구리를 찾아보자."

아빠 말에 우리는 걸음을 재촉했다.

"습지 체험장으로 가면 금개구리가 있을 거야. 자, 어서 가 보자."

습지 입구에서부터 흔하게 봤던 갈대가 이곳에는 더 많았다. 가늘고 긴 갈대가 물속에 빽빽하게 있었다. 녹조가 낀 것 같이 물 위가 온통 초록색이었다. 새끼손가락 손톱보다 작은 동그란 잎들이 수면에 쫙 깔렸다.

"여기 다양한 수생 식물이 많네. 개구리밥도 있고."

"아빠, 개구리밥이요?"

나는 개구리밥이라는 말에 혹시 금개구리밥인가 싶었다.

"저기 물 위에 떠 있는 초록잎들 보이지? 그게 바로 개구리밥이야. 개구리밥은 식물 전체가 물 위나 물속에서 떠다니며 생활하는 부유 식물이야. 광합성을 통해 물속으로 산소를 방출해서 수생 생물에게 산소와 먹이를 주지. 여기 물속에 잠겨 있는 검정말도 물속에 산소를 방출해. 그리고 재미나게도 개구리는 개구리밥을 먹지 않아."

"개구리밥인데 개구리가 먹지 않는다고요?"

"개구리밥이 많은 곳에 가면 개구리가 숨기 좋아서 개구리가 많이 살아. 그래서 개구리밥이라고 이름을 지었다고 해."

금개구리다!

"아. 개구리가 먹어서가 아니고요?"

아빠의 말에 혹시나 개구리밥 사이에 금개구리가 있을까 뚫어지게 쳐다봤다. 물이 온통 초록색이라 금개구리가 있더라도 색깔이 비슷해 찾기 어려울 듯했다. 그때 어디선가 작은 소리가 들렸다. 동물 울음소리 같았다.

또오옥.

밝은 녹색 등에 금색 줄이 두 줄 볼록 솟아 있는 게 엄마가 보내 준 사진 속 금개구리와 비슷했다.

"금개구리다!"

나는 깜짝 놀랐다.

자세히 보니 금개구리가 개구리밥 사이에서 울고 있었다. 색이 비슷해서 숨은그림찾기 같았다. 물 위에 다양한 곤충이 날아다녔다. 하지만 검은 물체는 보이지 않았다.

"금개구리를 찾았으니 얼른 첫 번째 미션을 찾아보자."

아빠 말에 나는 주변을 샅샅이 살펴봤다.

"아빠, 금개구리들이 먹이를 잡아먹으려고 가만히 있는 것 같아요. 금개구리 먹이로 뭐가 있어요?"

가영이가 아빠한테 물어봤다.

"주로 파리나 모기, 잠자리 같은 곤충을 먹고, 물속에 사는 곤충도 먹지."

"물속에 사는 곤충요?"

"물속에도 곤충이 많이 살아. 파리나 모기 애벌레도 물속에 살지. 물속에 사는 곤충을 수서 곤충이라고 해."

나는 금개구리의 먹이와 어떤 연관이 있지 않을까 하는 마음에 가방에서 뜰채를 꺼냈다. 물속에 집어넣은 뜰채가 묵직했다. 두 손으로 손잡이를 잡아 힘껏 들었다.

"앗, 이거 봐!"

나도 모르게 목소리가 커졌다.

"뭔데?"

아빠와 삼촌, 가영이가 가까이 왔다. 뜰채 안에 다양한 수풀과 검정말이 있었다. 수풀과 진흙이 딸려 와서 뜰채가 무거웠다. 그런데 검정말 사이에 시커먼 타원형 곤충이 자기보다 큰 물고기를 물고 다리를 빠르게 움직였다. 잠시 후 수북한 검정말 아래로 곤충이 물고기를 물은 채 숨으려 발버둥질했다.

"아빠, 곤충이 물고기도 먹어요?"

"그거, 검정물방개야. 속도가 엄청 빨라서 잡기 힘든데, 이렇게 딸려 온 걸 보니 신기하네. 애네들이 죽은 물고기들 싹 다 잡아먹어."

"아빠, 잠깐만요. 죽은 물고기를 먹는다면 청소부?"

검정물방개는 곤충 박물관에서 곤충 체험했을 때 직접 봤던 곤충이었다. 그때 선생님이 검정물방개에 대해서 뭐라고 말해 준 것 같은데 기억이 가물가물했다.

"아빠, 핸드폰 좀 잠깐 빌려주세요."

"뭐하려고?"

"검정물방개에 대해서 찾아보려고요."

나는 아빠가 건네준 핸드폰으로 검정물방개에 대해 검색했다.

검정물방개는 물속에서 죽은 물고기를 먹으면서 물이 오염되지 않고 깨끗하게 유지되는 데 도움을 준다고 나왔다. 그렇다면 습지의 물속 청소부 역할을 하는 게 아닌가. 검정물방개는 작지만 습지

환경을 지켜 주는 환경 지킴이나 다름이 없었다. 나는 검정물방개를 자세히 살펴봤다. 넓적한 뒷다리를 위아래로 움직였다. 앞다리로 물고기를 잡고 몸통을 갉아 먹고 있었다.

"오빠, 죽은 물고기라도 조금 잔인한 것 같아."

가영이는 입술을 삐죽거리며 말했다.

"아빠, 죽은 물고기를 먹으면 물이 깨끗해지겠죠? 음. 그렇다면, 첫 번째 미션을 찾은 것 같아요."

나는 무릎을 탁 치며 눈을 동그랗게 떴다.

"그러네. 검정물방개는 물속에서 냄새를 잘 맡아. 병들어 죽은 물고기들도 가리지 않고 싹 먹어 치워. 곤충 시체도 먹고, 뒷다리가 크고 넓적해서 노처럼 물을 휘저어 빠르게 헤엄을 잘 치거든. 뒷다리에는 털도 빽빽하게 돋아 있는데 헤엄을 치면서 신속하게 방향을 바꾸는 데 도움을 주지."

아빠가 검정물방개를 자세히 들여다보며 말했다.

"우리 어릴 때는 물가에 가면 검정물방개가 많았는데, 요즘은 보기 힘들어졌어. 이제는 검정물방개 개체 수가 급격하게 줄어서 멸종 위기 야생 생물 2급으로 보호받고 있어."

삼촌이 말했다.

"맞아. 개울가에서 자주 볼 수 있는 곤충 중 하나였어. 어릴 적 개울가에서 물방개 놀이도 많이 했었는데, 그 많던 물방개가 다 어디로 갔을까?"

아빠는 어릴 적 추억에 잠시 젖은 듯했다.

"삼촌, 검정물방개가 사라진 이유가 뭐야?"

"검정물방개는 물속에 사는 곤충으로 수생 식물이 많은 저수지나 연못, 물웅덩이, 논에서 살아. 그런데 농약 사용이 많아지면서 검정물방개가 점차 사라졌어."

한참 듣고 있던 가영이가 고개를 갸우뚱했다.

"오빠, 물방개 색깔이 검은색 같기도 하고 진한 녹색 같기도 해."

가영이 말대로 검정물방개는 빛을 받아 녹색을 띤 검은색으로 보였다.

'그럼, 아닌가?'

불안감이 꿈틀 올라왔지만 내색하지 않았다. 우선 검정물방개의 모습을 사진으로 찍어 가족 대화방에 올렸다.

작지만 강력한 턱을 가진 검정물방개는 자신보다 큰 물고기를 다

먹어야 먹이를 놓아 줄 모양인 것 같았다. 물고기를 검정물방개로부터 떼어 주려다가 그냥 두었다. 뜰채 그대로 물속으로 넣어 검정물방개를 돌려보냈다.

그러는 사이 엄마의 답변이 와 있었다.

축하 이모티콘이 가족 대화방에 달렸다.

"휴, 다행이다. 첫 번째 미션, 생각보다 빨리 찾았다."

가영이도 기쁜지 웃었다.

"한가영, 오빠만 믿어. 두 번째 미션 통과도 얼마 남지 않았어."

잘 나갈 유튜버의 캠핑 사이언스
수생 식물 개구리밥의 역할

습지에 사는 수생 식물도 광합성을 해요.
광합성 반응으로 물속에 있는 생물들에게 산소를 공급해요.
수생 식물 중 개구리밥의 광합성 반응을 알아볼까요?

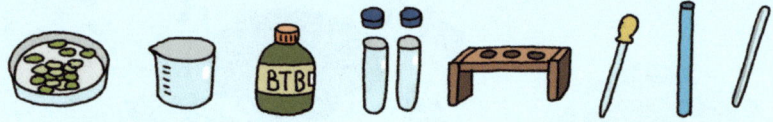

실험 준비물   개구리밥, 250mL 비커 1개, BTB 용액, 시험관 2개와 시험관대, 시험관 뚜껑, 스포이드, 빨대, 유리 막대

실험 과정

1 BTB 용액은 산성과 염기성을 알아낼 수 있는 지시약입니다. BTB 용액을 넣어 색이 녹색이면 중성이고, 황색이면 산성, 청색이면 염기성입니다.

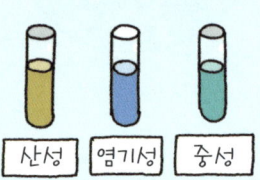
산성 염기성 중성

2 250mL 비커에 물을 200mL 넣고 녹색 BTB 용액을 스포이드를 이용하여 4방울 떨어뜨려요. 유리 막대로 저어 줍니다.
빨대로 비커 속 용액이 황색으로 변할 때까지 날숨을 불어 넣어요. 스포이드를 이용하여 아래처럼 비커 용액을 2개의 시험관에 50mL씩 각각 넣어 줘요. 시험관에 네임펜을 이용하여 각각 A, B를 적어 구분해 줍니다.

3. 시험관 A에 개구리밥을 넣고 입구를 막아요. 시험관 B에는 아무것도 넣지 않고 시험관 뚜껑으로 입구를 막아요. 두 개의 시험관을 햇빛이 잘 드는 창가에 두어요. 2시간 후 시험관 속 용액의 색 변화를 관찰합니다.

실험 결과

	실험 전	실험 후
시험관 A(개구리밥)	황색	청색
시험관 B	황색	황색

실험 결론

실험 과정에서 녹색 BTB 용액을 넣은 물에 빨대로 날숨(이산화탄소)을 불어 넣었기 때문에 황색으로 관찰되었어요. 개구리밥을 넣고 2시간이 지난 뒤 관찰한 결과 황색이었던 용액이 청색으로 변했어요. 물속에 산성인 이산화탄소가 빛을 받아 산소로 변하면서 염기성이 되어 색이 변한 거예요. 이는 개구리밥에서 광합성 반응이 일어난 것을 알 수 있습니다.

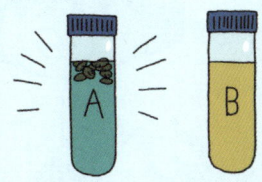

광합성 반응 : 물 + 이산화탄소 ➡ 포도당 + 산소
↑
빛에너지

 살아 있는 과학 체험 보고서 습지 탐험

| 년 월 일 요일 |  |

습지의 수생 식물인 개구리밥을 이용해 삼촌과 함께 실험을 해 봤다.

처음 물 위를 덮은 개구리밥을 봤을 때 깜짝 놀랐다. 엄청 많은 개구리밥 때문에 '물속에 사는 물고기나 곤충들이 숨을 쉬

지 못하면 어쩌지? 물속이 더럽지는 않을까?'라는 생각이 들었다.

실험 결과 개구리밥의 다양한 역할에 대해 알게 되었다.

물속에는 다양한 영양 성분이 많다. 그런데 질소나 인이 너무 많으면 이산화탄소 양이 많아진다고 한다. 그러면 물속에 녹아 있던 산소가 줄어들어 물속 생물이 숨 쉬기 힘들어진다. 그런데 개구리밥이 광합성 반응을 통해 질소나 인을 흡수하고 산소를 공급하는 역할을 한다. 또, 개구리밥은 번식 속도가 빨라 수면 위를 덮는다. 이로 인해 습지 물의 증발을 줄여 준다. 이렇게 개구리밥은 수서 곤충이나 어류가 살아갈 수 있는 공간을 마련해 준다. 새끼손가락 손톱보다도 작은 개구리밥이 모여 큰 힘을 발휘하고, 그 역할을 충분히 하고 있었다.

삼촌과 실험하는데 내가 마치 실험실에서 연구하고 실험하는 연구원이 된 기분이 들었다. 제법 흥미로웠다. 습지에 서식하는 다양한 식물에 대한 호기심도 생겼다.

65

수생 식물

첫 번째 미션 '습지 속 검은 청소부를 찾아라!'를 무사히 통과했다. 자꾸 웃음이 실실 나왔다. 습지 캠핑 시작 후 온통 시커먼 생각만 하느라 마음이 무거웠는데, 슬슬 자신감이 올라오기 시작했다. 두 번째 미션 '습지 속 검은 숟가락의 정체를 밝혀라!'도 쉽게 찾을 수 있을 듯했다.

"아빠! 빨리 다음 미션 찾으러 가요."

"오늘은 여기까지 하고. 내일 다시 시작하자. 벌써 해가 지고 있어."

아빠는 손가락으로 하늘을 가리키면서 말했다. 저 멀리 불그스름한 해가 반대편으로 넘어가고 있었다.

"오빠, 발 좀 봐!"

내 운동화는 흙과 수풀로 지저분했다. 몸은 땀에 젖어 끈적끈적하고 찝찝했다.

뜨거운 햇살에 물을 어찌나 마셨는지 물배로 배가 빵빵했다. 캠핑카에 도착하자마자 화장실에 다녀온 뒤 깨끗이 씻었다.

"다들 배고프지? 오늘 저녁은 엄마표 불고기다."

"우아! 엄마, 사랑해요."

아빠 말에 우리는 손뼉을 치며 환호성을 질렀다. 엄마표 불고기는 우리 가족이 좋아하는 최고의 요리다. 준비성이 철저한 엄마는 캠핑 가는 우리를 위해 과일과 음식까지 준비해 주셨다. 삼촌이 냄비밥을 김이 모락모락 나게 짓고, 아빠는 불고기를 프라이팬에 들들 볶았다. 우리는 너무 맛있어서 게 눈 감추듯 먹었다.

식사 후 삼촌은 카메라를 정리하고 있었다. 옆에 있던 가영이가 주변을 둘러보더니 얼굴을 찌푸렸다.

"아빠, 캠핑카 안이 너무 더러워요."

저녁을 먹고 치우지 않은 그릇들, 젖은 수건, 옷가지로 캠핑카 안이 엉망이었다. 물건들을 사용한 뒤 제자리에 놓지 않아 더 그런 것 같았다. 그 모습을 본 아빠가 제안했다.

"퀴즈 맞히기 게임을 해서 패한 팀이 여기에 있는 거 모두 치우기. 어때?"

"좋아요!"

나는 게임이라는 말에 자신감이 불타올랐다.

"저도 좋아요! 그런데 무슨 게임인데요?"

가영이도 자신이 있는 듯 말했다.

잠시 후 아빠는 식물을 가지고 와 바닥에 내려놓았다. 갈대와 부레옥잠이었다. 허가된 지역에서 채집한 것이라고 했다. 습지 입구에서부터 쭉 봐 왔던 갈대를 여기까지 가지고 오다니. 신나는 놀이나 먹기 게임인 줄 알았는데 실망스러웠다.

"이거로 뭐 할 건데요?"

나와 가영이는 동시에 말했다.

"이건 부레옥잠이야. 부레옥잠은 물에 뜨는데 이유가 뭘까? 동그란 모양의 잎자루 안이 어떻게 생겼길래 물에 뜰까? 추측해서 부레옥잠 잎자루 내부 그려 보기. 사실에 맞게 잘 그린 팀이 승리하는 거지."

아빠는 바닥에 있는 부레옥잠을 물이 담긴 페트병 안에 넣었다. 부레옥잠은 보라색 꽃과 잎, 통통하게 생긴 잎자루, 뿌리, 줄기로 이루어져 있었다.

"지난번 동굴 탐험에서는 나와 아빠가 한 팀이었으니, 이번에는 팀원을 바꿔서 하는 건 어때?"

부레옥잠을 보고 있던 가영이가 먼저 말했다.

"오! 좋은 생각이다."

나는 내심 아빠와 한 팀이 되고 싶었다. 아빠는 특전사 출신이라서 산과 들, 바다에서 훈련하며 자연에 대한 상식이 많다고 했다. 거기에 학창 시절에 과학은 항상 1등급이었다고 했으니 자신만만했다. 이번에는 꼭 이기고 싶었다.

"팀끼리 의논 후 〈살아 있는 과학 탐구 보고서〉에 잎자루를 추측해서 그려 봅시다. 제한 시간은 5분! 자, 시간 잽니다. 시작!"

나는 우선 잎자루를 세심하게 만져 보고 들어 보았다. 약간 말랑말랑하고 가벼웠다. 가영이도 만져 보고 눌러 보고 이리저리 자세히 살펴봤다. 그러더니 맞은 편에 앉아 있는 삼촌 옆으로 갔다.

"아빠, 아까 제가 물을 많이 먹어서 배가 부풀어 올랐거든요. 그런 것처럼 잎자루 안이 처음에는 비어 있다가 물이 가득 차서 빵빵한 것 같아요."

"부레옥잠의 수염뿌리들이 이렇게 풍성하게 자라는 거 보면 물을 빨아들여서 잎자루에 담아 저장하는 것 같지? 그다음 충분한 물을 잎에 전달하나 보다."

아빠가 부레옥잠 뿌리를 보면서 말했다. 나도 아빠처럼 생각했는데, 마음이 통했다.

나는 부레옥잠 잎자루 안에 물이 있는 그림을 그렸다.

삐리릭! 종료되었다는 알람 소리가 울리자 삼촌이 말했다.

"그만! 가람이와 가영이가 그린 그림 서로 설명해 봐."

잠시 후 등을 지고 서로 의논했던 가영이와 삼촌이 그림을 보여 줬다. 얼기설기 구멍이 군데군데 나 있는 그림이었다.

"아까 개구리밥 옆에 부레옥잠이 물 위에 뜬 것을 봤어. 물에 뜨려면 공기가 들어 있어야 하잖아. 튜브도 보면 안이 비어 있어서 물에 둥둥 뜨고 부레옥잠 잎자루 안에는 공기가 들어 있어."

가영이는 확신에 찬 듯 말했다.

"잎자루 안에는 물이 들어 있어. 뿌리를 통해서 잎자루 안에 물이 들어온 거지. 그래서 잎이 자라게 되는 거야."

나는 부레옥잠 잎자루 안에 물이 있는 그림을 보여 줬다.

"누구 말이 맞을지? 직접 눈으로 확인해 보자."

아빠는 부레옥잠 잎자루를 세로로 조심조심 잘랐다. 잘린 잎자루의 단면을 자세히 보니 벌집 모양으로 촘촘했다. 삼촌은 물이 담긴 컵을 건네며 세로로 잘라 둔 부레옥잠을 눌러 보라고 했다. 잎자루를 누르자 공기 방울이 뽀글뽀글 올라왔다.

"앗, 내 추측이 틀렸네. 패배 인정!"

"웬일이야, 오빠가 게임에서 졌는데 쿨하게 인정하고."

"괜찮아? 설거지에 수건, 옷가지까지 치우려면 쉬지도 못하고 시간이 꽤 걸릴 텐데."

"이렇게 직접 관찰하고 체험을 해 보니 재미있네. 평소에는 식물에 관심도 없었는데, 그리고 생태 관찰 탐구 보고서 쓸 때 참고하면 좋을 것 같아. 새 핸드폰을 받는다면 이쯤이야. 뭐."

아빠까지 놀란 표정으로 나를 쳐다봤다.

"아빠, 그럼 갈대를 수생 식물이니까 부레옥잠 잎자루처럼 갈대 잎자루도 텅 비어 있겠네요?"

"갈대는 외떡잎식물로 잎자루가 없어. 대신 갈대 줄기를 관찰해 볼까?"

아빠가 긴 갈대를 들고 말했다.

아빠는 갈대 줄기를 세로로 잘랐다.

" 갈대 줄기도 속이 비어 있어."

"와, 아주 작은 구멍들이 있네요. 그래서 아까 바람이 불어도 꺾이지 않고 한쪽으로 누웠다 다시 원래대로 돌아오고 그런 거였네요."

가영이가 갈대 줄기 속을 보며 말했다.

"가영아, 그런 거 언제 봤어?"

"오빠! 검은 것만 보지 말고 습지 주변을 천천히 살펴봐!"

가영이 말에 살짝 당황했다. 마음을 들킨 것 같았다.

아빠는 이번에는 황색 갈대 뿌리를 가로로 잘랐다. 여러 갈래의 갈대 뿌리 하나하나가 빨대처럼 속이 텅 비어 있었다.

"공기가 갈대 뿌리의 텅 빈 곳으로 전달돼. 산소를 뿌리까지 공급하여 물속에 잠긴 뿌리가 썩지 않게 하기 위해서지. 그리고 그 뿌리들

이 물속을 깨끗하게 정화해 주는 정수기 역할을 한다고 할 수 있지."

나는 습지에 사는 수생 식물이 대단하다고 생각했다.

아빠와 나는 환상의 호흡으로 캠핑카 안을 싹 치웠다. 가영이와 삼촌은 캠핑카 소파에 앉아 여유롭게 발가락을 까닥거리며 쉬고 있었다.

짤 나갈 유튜버의 캠핑 사이언스
수생 식물 통기 조직 관찰

갈대와 부레옥잠은 호흡을 도와주는 통기 조직이 있어요.
통기 조직을 통해 잎이나 줄기에 공기가 이동하게 됩니다.
그렇다면 통기 조직은 어떤 구조로 되어 있는지 관찰해 보겠습니다.

1 부레옥잠의 외부 구조를 관찰해 보죠.

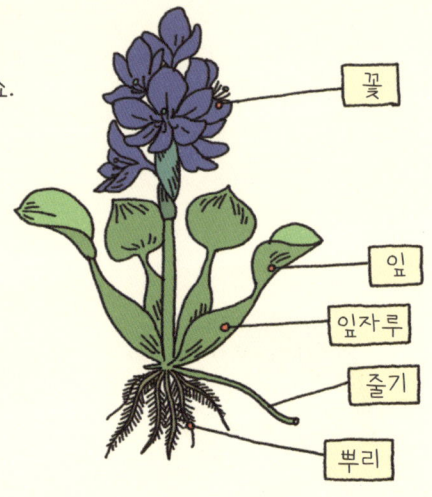

- 꽃
- 잎
- 잎자루
- 줄기
- 뿌리

2 부레옥잠의 내부를 보겠습니다. 부레옥잠의 잎자루 두개를 가로, 세로로 자릅니다. 자른 잎자루 단면을 보겠습니다. 공기 구멍들이 촘촘히 있네요. 비커에 물을 담고 자른 잎자루를 손으로 눌러 봅니다. 공기 구멍에서 공기 방울이 뽀글뽀글 올라오네요.

3 다음은 갈대 줄기를 가로로 잘라 줄기의 내부 구조를 관찰해 볼게요.

오, 줄기 단면은 이렇게 생겼네.

4 다음은 갈대 뿌리를 가로로 잘라 뿌리의 내부 구조를 관찰해 볼게요.

실험 결론

식물의 뿌리가 물에 잠기면 산소 부족으로 세포 호흡이 원활하게 일어나지 않겠죠. 세포 호흡이 원활하게 일어나지 않으면 식물은 생명 활동에 필요한 에너지를 얻을 수 없어 뿌리가 점점 썩어 들어 갑니다. 공기의 이동 통로인 통기 조직 때문에 부레옥잠과 갈대 뿌리가 썩지 않았던 것입니다.

살아 있는 과학 체험 보고서 수생 식물 구분

| 년   월   일   요일 | ☀️ ⛅ ☔ ⛄ |

부엽 식물
연꽃, 부레옥잠

부유 식물
개구리밥

정수 식물
갈대, 억새, 줄

침수 식물
검정말

습지에서 가장 많이 본 식물이 수생 식물이다.

다 똑같은 수생 식물인 줄 알았는데 물의 어디에 사느냐에 따라 정수 식물, 부엽 식물, 부유 식물, 침수 식물 등 4가지로 분류한다. 정수 식물은 뿌리가 흙 속에 있고, 줄기와 잎의 일부 또는 대부분이 물 위로 뻗어 있는 식물이다. 갈대, 억새, 줄 등이 있다. 뿌리는 물 밑바닥에 있고, 잎이 물 위로 뜨는 부레옥잠이나 연꽃은 부엽 식물이다. 식물 전부가 물 위에 있는 개구리밥은 부유 식물이다. 뿌리는 물 밑바닥에 있고, 나머지 전부가 수면 아래에 있는 검정말은 침수 식물이다.

물고기나 곤충들만 물속에서 숨을 쉬는 게 아니라 물에서 사는 식물도 숨을 쉬어야 살 수 있다. 아빠와 함께 갈대와 부레옥잠을 직접 관찰한 결과 저마다 생존 전략이 있었다.

습지의 수생 식물은 오염 물질을 흡수하여 물을 깨끗하게 만들어 준다. 그리고 수서 곤충이 즐겁게 놀기도 하고, 알을 낳는 곳이다. 새들에게도 먹을 것을 주고 숨을 곳을 만들어 준다. 수생 식물 고마워!

새똥 소동

캠핑 셋째 날이다. 벌써 2박 3일 캠핑 일정 마지막 날이다. 나는 아침 일찍 일어나 씻고 의자에 앉아 있었다. 곧바로 나갈 수 있게 완벽한 준비를 끝낸 상태였다. 그런데 캠핑카 안에 가영이와 삼촌은 있는데, 아빠가 보이지 않았다. 빨리 미션을 통과해야 하는데, 조바심이 났다.

"삼촌, 두 번째 미션 '습지 속 검은 숟가락의 정체를 밝혀라' 말이야. 검은 숟가락! 도대체 뭘 말하는 걸까?"

"글쎄……."

삼촌은 내 말을 듣는 둥 마는 둥 조류 영상을 보느라 정신이 없어 보였다. 습지에 도착했을 때부터 다양한 새 소리가 들렸다. 삼촌이 직접 보지는 못해서 조바심이 난 것 같았다. 지금까지 삼촌이 보여 준 새 사진은 주변에서도 쉽게 볼 수 있는 왜가리 한 마리뿐이었다. 탁자 위에 있는 고가의 카메라가 무색해 보였다. 그러는 사이 캠핑카 밖에서 아빠 목소리가 들렸다.

"아니, 이게 도대체 뭐야?"

나와 가영이, 삼촌은 뭔 큰일이 났나 싶어 밖으로 나갔다.

'앗! 망했다!'

아빠가 소중히 여기는 캠핑카 유리창에 새똥이 덕지덕지 묻어 있었다. 아빠는 씩씩거리며 유리창을 닦고 있었다.

"아빠, 같이 닦아요."

가영이는 물을 뿌리며 한쪽 면을 닦았다. 나도 가영이를 도와 같이 닦았다. 새똥이 여러 군데 넓게 퍼져 있고, 딱딱하게 들러붙어 있어 생각보다 닦기가 힘들었다. 아빠가 아끼는 캠핑카에 흠집이 나지 않게 조심스럽게 닦았다. 쓱싹쓱싹 열심히 닦다 보니 어느덧 앞 유리가 깨끗해졌다.

"새똥을 보니 어찌나 화가 나던지, 그래도 너희들하고 처남이 힘을 합쳐 치우니깐 새똥이 금세 없어져 다행이긴 한데……."

아빠는 캠핑카를 닦다가 흠집이라도 생겼나 확인하는 듯 샅샅이 훑어봤다.

"삼촌, 아까 그 새똥 말이야, 꼭 설사 똥 같아! 나도 예전에 유통 기한 지난 우유를 먹고 배탈이 나서 설사한 적 있는데 새도 그런가?"

"그런 것 같지는 않고, 새의 배설물을 보니 크기가 제법 큰 새 같아. 나무 밑에 캠핑카를 세운 것도 아닌데 이렇게 똥을 싼 거 보면 이 근처에 새가 많다는 거지. 새들은 날기 전에 몸을 가볍게 하려고 똥을 뿌지직 싸고 날아가거든."

가끔 아빠가 햇볕이 너무 뜨겁다며 나무 그늘 밑에 주차한 적이 있었다. 그때도 새똥을 본 적이 있었다. 하지만 지금처럼 이렇게 많지도 크지도 않았다. 삼촌은 카메라 렌즈를 만지작거리며 매의 눈으로 주변을 살펴봤다. 혹시나 새를 촬영할 수 있을까 호시탐탐 기회를 엿보는 듯했다.

삼촌은 잽싸게 카메라를 들어 초점을 맞추는 듯 렌즈를 좌우로 돌렸다.

"뭐! 뭐 있어?"

나는 검은 숟가락을 찾았나 싶어 호들갑스럽게 삼촌 옆으로 갔다.

"쉿, 조용!"

여전히 삼촌은 카메라에 눈을 대고 작은 소리로 말했다.

"뭔데?"

가영이도 궁금한 듯 삼촌한테 말했다.

"검은색이야."

"검은색이라고? 그럼, 우리 벌써 찾은 거야?"

나와 가영이, 아빠는 삼촌의 검은색이라는 말에 눈이 번쩍 했다. 조용히 하라는 삼촌의 말에 입을 꾹 다물고 있었지만 웃음은 숨길 수 없었다. 삼촌은 계속해서 카메라 셔터를 누르고 있었다.

'그래! 이제 미션 다 찾았어! 최신형 핸드폰, 기다려라!'

난 혼자서 상상의 날개를 펼쳤다.

삼촌은 멀리 있어서 보이지 않는다며 우리를 보고 쌍안경으로 보라고 했다. 삼촌 말에 주섬주섬 쌍안경을 눈에 갖다 댔다. 앞이 뿌옇

게 보일 뿐 아무것도 보이지 않았다. 그러자 삼촌은 쌍안경 접안렌즈를 눈의 폭에 맞춰 거리를 조종한 뒤 초점을 맞춰 보라고 했다. 동그란 접안렌즈를 좌우로 몇 번을 돌리자 뿌옇던 게 맑아지면서 선명하게 보이기 시작했다.

삼촌 옆에 나와 가영이, 아빠는 나란히 섰다. 삼촌이 가리키는 곳을 쌍안경으로 봤다.

"삼촌, 저기 나무 위에 앉아 있는 거무틱틱한 새 말하는 거야?"

새 한 마리가 나뭇가지에 앉아 부리로 자신의 몸을 슘고 있었다. 날카롭고 굽은 발가락으로 나뭇가지를 강하게 잡고 있었다. 머리색이 검은색이었다. 새의 뒷머리에 검은색 긴 머리깃이 있고 등과 어깨는 짙은 청록색, 가슴과 배는 잿빛으로 이루어졌다. 길고 뾰족한 부리가 날카로워 보였다.

"저게 무슨 검은 숟가락이야?"

가영이는 말이 되지 않는다며 투덜댔다.

"가영아, 저 새 이름이 '검은댕기해오라기'라고 해. 머리깃이 댕기 모양 같아서 붙여진 이름이야. 그런데 머리에 검은 숟가락을 뒤집어 놓은 것 같지 않니?"

"어디? 그런 것 같기도 하네? 여름에 강가에서 본 듯해."

아빠도 삼촌 말에 맞장구쳤다.

"맞아요. 주로 강가에서 작은 물고기나 개구리 따위를 잡아먹어요. 다리가 짧고 물갈퀴가 없어서 물에서 이리저리 움직이며 물고기를 잡지 않고, 한곳에서 가만히 기다렸다가 잡아먹어요. 물고기 사냥 실력이 보통이 아니죠."

삼촌은 신이 났는지 목소리에 힘이 가득 들어갔다.

"근데, 삼촌, 아무리 생각해도 이상해. 숟가락을 뒤집어 놓은 것 같다? 그렇다면 엄마가 처음부터 그렇게 미션을 주지 않았을까?"

가영이는 여전히 의심의 눈초리로 말했다.

"그런가?"

삼촌도 확신이 서지 않는 듯했다.

나는 우리끼리 머리를 맞대고 고민할 시간에 엄마한테 메시지를 보내는 게 제일 빠를 것 같았다.

갑자기 눈앞이 환해졌다.

"엄마, 부리가 검은 숟가락 모양의 새가 답이에요?"

엄마는 답을 가르쳐 준 거나 다름없었다.

미션 성공의 순간이 눈앞까지 온 듯했다. 두근두근! 나는 마음이

급해졌다.

"삼촌, 엄마한테 검은댕기해오라기 사진 빨리 보내 봐."

삼촌이 찍은 사진을 잽싸게 엄마에게 전송했다. 엄마는 사진을 바로 확인했다. 하지만 축하 이모티콘커녕 가족 대화방은 조용하기만 했다. 나는 엄마의 확실한 답변을 듣기 위해 다시 메시지를 보냈다.

"엄마, 이 새 아닌 거죠? 두 번째 미션의 힌트는 부리가 검은 숟가락 모양 새라는 거예요?"

"어…… 그래…… 부리가……? 아 실수로 아예 답을 줘 버렸네."

"엄마, 감사합니다."

 잘 나갈 유튜버의 캠핑 사이언스 **쌍안경 사용 방법**

5 왼쪽 접안렌즈를 왼쪽 눈으로 들여다보면서 초점 조절링을 이용하여 대상에 정확하게 초점을 맞춥니다.

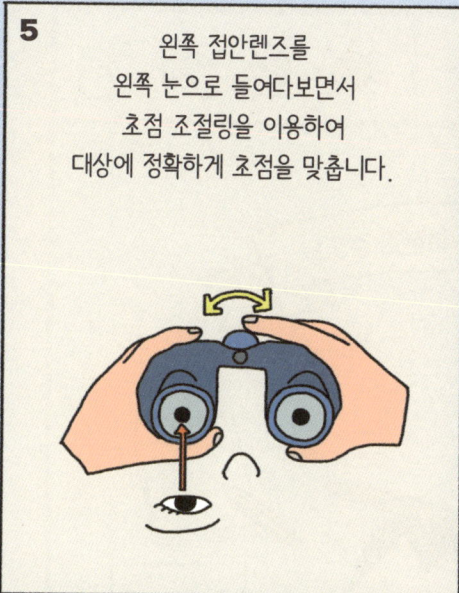

6 오른쪽 눈으로 오른쪽 접안렌즈를 들여다보면서 시도 조절링을 이용하여 양쪽의 시력 차이를 맞춥니다. 동일한 대상에 초점이 맞추어질 때까지 시도 조절링을 돌립니다.

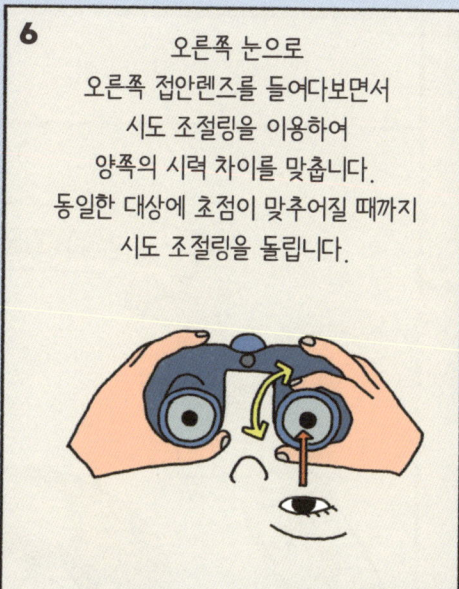

7 새로운 대상을 관찰할 때마다 초점 조절링만을 이용하여 초점을 맞추고 관찰하면 됩니다.

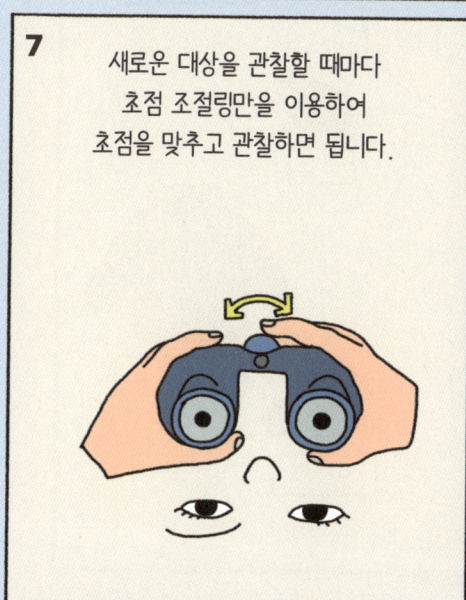

8

자! 새를 발견했다면 어떻게 해야 할까요? 긴장하지 말고, 알려 준 방법대로 쌍안경을 이용해 관찰해 보세요.

 살아 있는 과학 체험 보고서 새 관찰

년   월   일   요일

새 관찰에 필요한 복장과 준비물

- 녹음기
- 조류도감
- 노트와 연필
- 망원경
- 장갑
- 장화
- 운동화
- 등산화
- 소매 긴 옷

새 관찰 시 주의 사항

1. 색깔이 화려한 옷 대신 주변 환경과 어울리는 색상의 옷을 입는다. 색깔이 화려한 옷은 새들에게 금방 노출되어 새들이 날아갈 수 있다.
2. 모자를 쓴다. 머리카락이 바람에 날리면 새들이 두려워한다.
3. 새들은 냄새에 민감하다. 냄새가 강한 화장품은 바르지 않는다. 특히 냄새가 강한 향수를 뿌리지 않는다. 야생 조류는 200미터 밖에서도 화장품 냄새를 맡는다.
4. 새들은 움직임에도 굉장히 민감하다. 조심하며 천천히 관찰한다. 너무 가까운 거리에서 하는 관찰은 새들이 놀라 날아가 버릴 수 있다. 적정 거리 30미터 이상을 유지한다.
5. 새들은 소리에 민감하다. 소리를 내지 말아야 한다.
6. 새들을 관찰하면서 기록하거나 새 관찰 기록앱을 이용한다.
7. 관찰을 위해 새의 둥지, 알, 새끼 등을 옮기거나 훼손시키지 않는다. 새의 먹이가 되는 열매나 씨앗을 함부로 채취하지 않는다. 함부로 먹이를 주거나 서식지 주변에 음식물 쓰레기를 버리지 않는다.

검은 숟가락

"오빠, 미션을 찾으면서 검은물방개가 습지에서 어떤 역할을 하는지 알게 되었잖아. 그럼, '두 번째, 미션. 습지 속 검은 숟가락 모양의 정체를 밝혀라!'도 검은 숟가락의 역할을 알게 하려는 것이겠지?"

가영이가 검지를 치켜세우고 진지하게 말했다. 그 모습이 명탐정 같아 보였다.

"검은 숟가락이 새라는 건 분명하니깐, 새만 찾으면 정체를 밝히는 것도, 검은 숟가락의 역할도, 순식간에 끝낼 수 있지. 가영아, 오빠만 믿어."

나는 자신에 찬 목소리로 말한 뒤 뒤돌아섰다. 불안한 마음을 들키기 싫었다. 동생한테 나만 믿으라고 큰소리친 것도 있지만 나머지 미션을 찾을 시간이 얼마 남지 않았다. 집으로 가려면 해가 떨어지기 전에는 출발한다고 했는데 걱정이다. 습지에 와서 새소리는 많이 들었어도 부리가 특이한 모양의 새는 보지 못했다. 이렇게 넓은 곳에서 숟가락 모양 부리를 가진 새를 어떻게 찾느냐 말인가?

"자, 모두 모여 봐! 무작정 걷는다고 새를 찾을 수 있는 게 아니야. 계획적으로 움직여야 해. 이곳 습지에 새가 많이 머무는 곳이 있을 거야. 새가 많은 곳으로 가면 우리가 찾는 새가 있을 거야."

아빠가 말했다.

"조금 전 조류 영상을 보고 분석한 결과, 갈대숲 맞은편으로 걸어가면 강 하구가 있는데 그곳에 새들이 많이 있을 거예요."

삼촌은 카메라를 목에 걸며 말했다.

"어디, 어디?"

가영이가 궁금한 듯 좌우를 보며 물었다.

"가람아, 집으로 가야 할 시간이 얼마 남지 않았다고 불안해하지 마라. 아빠는 두 번째 미션도 꼭 찾을 수 있다고 확신한다. 급할수록 돌아가라는 말이 있잖니? 너무 서두르지 말고, 새들이 많은 곳으로 가서 침착하게 관찰하면 분명 찾을 수 있단다."

아빠의 말에 내 마음이 한결 가벼워졌다.

우리는 물억새가 있는 길을 따라 한참을 걸었다. 습지가 왜 이렇게 넓은지 가도 가도 끝이 없었다. 조르륵 물소리가 들리기 시작했다. 앞서가던 삼촌이 뒤돌아섰다. 그러더니 또, 손가락을 입술에 대며 '쉿' 하라고 했다. 새를 발견한 게 틀림없었다. 새가 워낙 예민한 동물이라 사람들의 작은 움직임에도 도망갈 수 있기 때문이다.

"뭐 발견했어?"

"저 검은색의 새는 민물가마우지야."

나는 화들짝 놀라 눈만 동그랗게 떴다. 삼촌이 손가락을 가리킨 곳을 봤다. 민물가마우지는 돌 위에 서서 물속만 보고 있었다. 먹이 사냥을 하는 듯했다.

"까마귀처럼 시커멓기만 하지 숟가락 모양이 아니잖아."

힘이 빠졌다. 민물가마우지 주변으로 왜가리도 보였다. 힐끔 보다 말고 삼촌한테 물었다.

"삼촌, 습지에 왜 새가 오는 걸까요?"

"다양한 생물이 많이 있으니 먹을 게 풍부하잖아. 물도 풍부하고. 새들의 번식지와 서식지의 가장 이상적인 환경을 제공하는 곳이지. 그리고 습지는 철새들이 이동하다가 쉬면서 에너지를 보충할 수 있는 중간 정거장이 되는 곳이기도 해."

삼촌은 카메라 셔터를 계속 누르면서 말했다.

"습지에 새가 온다는 것은 그만큼 생태계가 풍부하고 건강하며 자연환경이 깨끗하다는 거야."

아빠도 쌍안경으로 새를 보면서 삼촌의 말에 호응했다.

"오빠, 쌍안경으로 저기 좀 봐! 새가 많아."

가영이 말에 나도 쌍안경을 들었다. 렌즈를 좌우로 돌리며 초점을 맞췄다. 드문드문 물가에 서 있거나 앉아 있는 새들이 보였다. 하지만 많아 보이진 않았다.

그때였다. 흰새가 물속에 머리를 넣고 좌우로 흔들며 바쁘게 걸어갔다. 앞으로 나아가면서 작은 물결이 일렁였다. 부리를 반쯤 벌린 채 고개를 좌우로 휘휘 젓고 있는 모습이 특이했다. 다리가 검은색이고 물속에 반쯤 잠긴 부리 색깔도 검은색이었다.

"가영아, 저기 옆을 봐. 물을 막 저어 가며 가는 새 보여?"

"그러네, 어! 미꾸라지를 잡았다! 부리 모양이 특이해. 오빠, 밥주걱 모양 같지?"

새가 오랜 시간 물속을 저어 가더니 드디어 먹이 사냥에 성공했다. 널따랗고 납작한 부리 끝에서 미꾸라지가 세차게 펄떡거렸다. 대번에 새의 목구멍 안으로 꿀꺽하고 넘어갔다.

"저게 무슨 주걱이냐, 수프 떠서 먹는 숟가락 같아 보이는데. 그런데 쟤네들 먹이 사냥을 너무 힘들게 한다."

"아빠가 보기에는 기다란 구둣주걱 모양 같은걸."

왜가리

삼촌이 빙그레 웃으면서 말했다.

"가람아, 가영아, 미션 찾았다."

삼촌은 카메라를 내리고 우리를 보고 말했다.

"설마?"

"검은 숟가락?"

나도 엄마 말이 떠올랐다.

"왜 좀 더 일찍 저어새에 대한 생각을 하지 못했을까?"

삼촌은 의미심장한 웃음을 지었다. 생각보다 침착한 말투였지만 표정은 확신에 차 있었다. 나의 몸이 벌써 꿈틀거렸다. 혹시 아니면 어쩌지? 목구멍으로 침이 꼴깍 넘어가는 소리가 크게 들렸다.

"삼촌, 진짜 확실한 거지? 아까도 검은댕기해오라기 보고 숟가락 뒤집어 놓은 것 같다고 했잖아."

가영이는 그냥 넘어가지 않고 다시 물었다.

"지금 너희들이 본 새 이름이 저어새야. 부리 끝부분이 숟가락처럼 넓어서 붙여진 이름이야. 먹이를 잡아먹는 행동을 보고 지어졌어. 다른 물새와 달리 먹이를 찾는 방법이 독특하지."

"우아! 만세!"

나는 펄쩍펄쩍 뛰며 소리를 질렀다. 검은빛이었던 세상이 온통 푸른빛으로 반짝였다. 큰 목소리에 놀란 저어새가 푸드덕거리며 날아가고 있었다.

"쉿!"

삼촌이 새들이 날아가자 조용히 하라고 했다.

멀리 날아가는 저어새에게 나도 모르게 '고마워'라고 팔을 흔들며 작은 소리로 말했다.

그사이 삼촌은 카메라로 하늘을 비행하는 저어새를 찍었다.

삼촌은 손가락이 안 보일 정도로 카메라 셔터를 연속해서 눌렀다. 저어새 동작 하나하나를 카메라 안에 담는 듯했다.

 "저번에 서해안 무인도로 배 낚시하러 갔었는데. 저 새들이 무리 지어 있었어. 저어새였구나! 습지까지 온 걸 보니 신기해."

 아빠도 미션을 모두 해결해서 기분이 좋아 보였다.

 "저어새는 여름 철새로 서해안 갯벌에서 번식하고, 겨울을 나기 위해 9월부터 다음 해 3월까지는 동남아 지역의 습지로 돌아가죠."

 삼촌이 아빠한테 말했다.

 "저어새가 이곳으로 온 걸 보면 습지에 그만큼 먹을 게 많아서 온 거네. 근데, 삼촌 저어새가 우리나라에 많이 살아?"

 나는 저어새가 더 궁금했다.

"우리나라에 몇 마리가 있는지는 잘 모르겠지만, 저어새는 멸종 위기종이고 천연기념물로 보호받고 있지."

"저어새도 멸종 위기종이야, 왜?"

가영이는 눈을 휘둥그레지게 뜨고 아빠한테 물었다. 아빠는 이맛살을 찌푸리며 대답했다.

사람들이 습지를 쓸모없는 땅이라 생각했어. 그래서 간척 사업으로 예전보다 습지가 꽤 많이 줄어들었지. 쓰레기로 환경이 오염된 곳도 있고. 저어새 서식지가 점점 줄어들어서 그러지 않을까?

아빠와 삼촌의 말을 듣고 나니 안타까운 마음이 들었다. 하지만 최신형 핸드폰을 받을 수 있는 날이 점점 가까워졌다는 생각에 얼굴에 퍼지는 미소를 숨길 수 없었다.

살아 있는 과학 체험 보고서 저어새 관찰

| 년   월   일   요일 |  |

부리가 숟가락처럼 생긴 저어새를 발견했던 순간, 기쁘고 반가워서 심장이 쿵쿵 뛰었다. 삼촌이 찍은 저어새 사진과 동영상 덕분에 자세히 관찰할 수 있었다. 숟가락 모양의 길고 넓적한 검은색 부리로 물속을 휘젓는 모습이 마냥 신기했다. 흰색 털은 정말 멋졌다. 이참에 저어새에 대해 공부를 더 해서 나만의 관찰 앨범을 만들어 봤다. 저어새 무리를 만날 수 있는 저어새 번식지에 꼭 가 보고 싶다.

이름 : 저어새 (여름 철새)

멸종 위기 야생 동물 1급, 천연기념물 제205-1호

사는 곳 : 먹이가 풍부한 갯벌과 습지

생김새 : 몸은 주로 흰색 깃털로 덮여 있다. 부리 끝부터 눈까지 검은색이다. 크기는 60~78cm 정도까지 자란다. 전 세계에 5,200여 마리가 살고 있다. '저어새'라는 이름은 길고 숟가락처럼 생긴 부리를 물속에 넣고 휘휘 저어서 먹이를 잡아먹는 모습에서 따온 이름이다.

먹이 : 미꾸라지, 수서 곤충, 작은 물고기, 새우, 작은 게 등

기타 특징 : 전 세계 저어새과에 속하는 6종류의 새들이 있다. 저어새, 노랑부리저어새, 아프리카저어새, 검은턱저어새, 넓적부리흰저어새, 호주노랑부리저어새이다. 그중 저어새와 노랑부리저어새가 봄에 와서 이른 가을까지 한국에서 지내는 여름 철새이다.

한국에 온 저어새는 4~6월 알을 낳고 번식한다. 주로 바위로 이루어진 무인도에서 무리 지어 번식한다. 9~10월이 되면 겨울을 나기 위해 한국보다 따뜻한 남쪽으로 이동한다.

노랑부리저어새

습지 지킴이

엄마한테 두 번째 미션까지 통과했다는 최종 확인을 받았다. 마음이 편안해지자 배낭에 간식을 잔뜩 챙겨 왔던 게 떠올랐다. 먹는 것을 좋아하는 내가 그만큼 미션을 찾는 것에만 몰두했다는 거다. 아무리 생각해도 나라는 녀석은 집중력이 대단한 것 같다. 원하는 걸 쟁취하기 위한 나의 초집중력! 최고다.

"오빠, 배낭 안에 왜 이리 과자가 많아? 그래서 내가 부탁한 모기 퇴치제 못 챙긴 거였어?"

가영이가 내 가방을 보더니 코를 실룩거렸다. 나는 얼른 가영이가 제일 좋아하는 민트 초콜릿으로 입을 막았다. 그러는 사이 아빠가 주변을 두리번거리며 말했다.

"삼촌이 올 때가 됐는데……."

"삼촌 어디 가셨어요?"

"미션 완수도 다 했으니, 잠깐 쉬는 시간에 새 탐사 조금만 하고 온다고 했거든."

벌써 해가 뉘엿뉘엿 지고 있었다. 삼촌한테 전화를 걸려고 하는 순간 가영이가 삼촌을 봤다.

"저기, 삼촌 아니에요?"

삼촌은 풀이 우거진 쪽에서 우리를 향해 걸어오고 있었다. 그때였다.

삼촌은 카메라를 가슴에 꽉 움켜쥔 채 다리를 벌벌 떨고 있었다.

우리는 서둘러 삼촌한테 뛰어갔다. 삼촌은 식은땀인지, 콧물인지, 눈물인지는 모르겠지만 얼굴에서 물이 흘렀다.

"삼촌, 왜 그래?"

"저어기……."

삼촌은 여전히 움직이지 못하고 눈동자만 옆으로 돌렸다. 뭔가가 스스륵하는 소리가 들리는 것 같기도 했다. 잠시 후 삼촌은 바닥에 철퍼덕 앉았다. 가슴을 쓸어내리며 호흡을 길게 내뱉었다.

"엄청 큰 뱀이 저기 저쪽으로 지나갔어."

"뱀? 으아, 사람 살려!"

나는 깜짝 놀라 아빠 뒤에 숨었다.

"큰일 날 뻔했네. 여기 '뱀 출몰 주의!'라고 쓰여 있어. 잘 보고 다녀야지. 캠핑장에 도착할 때까지 끝까지 긴장을 늦추면 안 돼. 어서 가자."

아빠는 팻말을 보고 말한 뒤 앞장섰다. 아빠가 있어 든든했다. 직접 뱀을 보지는 못했으나 생각만 해도 끔찍했다. 우리는 캠핑카로 돌아가기 위해 걸음을 재촉했다.

"어! 저거 뭐야?"

가영이가 소리쳤다.

"뭔데?"

나와 삼촌은 동시에 아빠 뒤에 숨으면서 말했다.

"저기, 흰 새가 쓰러져 있어."

가영이 말에 놀란 가슴을 쓸어내렸다. 뱀이 아니어서 다행이었다.

"새?"

뱀이 도망갔다고 한 풀밭에 새 한 마리가 발버둥치고 있었다. 일어서려 애쓰는 모습이 불쌍해 보였다.

"어! 저어새가 어떻게 여기까지 왔을까? 아직 꿈틀거리는 것을 보니 살아 있는데. 발가락과 몸에 줄이 묶여 있어서 날지 못했구나!"

삼촌이 저어새를 안타깝게 바라봤다. 발가락과 몸에 흰색 줄이 묶인 채 고통스러워했다.

"저어새 너무 불쌍해. 삼촌이 가위로 흰색 줄 잘라 주면 안 돼? 설마 우리가 봤던 저어새는 아니겠지?"

눈만 끔벅인 채 움직이지 못하고 있는 저어새가 불쌍했다. 조금 전 넓적한 부리로 힘차게 물속을 휘휘 젓던 저어새의 모습이 머릿속을 떠나지 않았다. 어떻게든 고통으로부터 벗어나게 해 주고 싶었다.

"함부로 새를 만지면 안 돼. 이 근처에 야생 조류 센터가 있으니까 도움을 받을 수 있을 거야."

삼촌은 곧바로 사진을 찍고 야생 조류 센터에 구조 요청을 했다.

우리는 구조대가 올 때까지 기다리기로 했다.

"근데, 저어새 다리에 뭔가 매여 있어!"

저어새 오른쪽 다리에 넓은 띠지 같은 것이 동여매어 있었다. 흰색 바탕에 빨간색과 노란색으로 M7이라고 쓰였다.

"가락지야. 멸종 위기종 새를 보호하기 위해서 달아 놓은 장치지. 철새 연구자들이 저어새의 이동을 파악하기 위해 한 거야."

잠시 후, 자동차 한 대가 우리 근처에 멈췄다. 구조대 아저씨는 저어새의 발가락과 몸에 묶인 흰 줄이 낚싯줄이라며 가위로 잘랐다. 저어새를 치료한 뒤 다시 야생으로 돌려보낼 거라며 새장에 넣어 자동차에 실었다.

"아저씨, 새가 왜 낚싯줄에 걸려들어요?"

"낚시꾼이 낚시 금지 지역에서 불법으로 낚시를 한 뒤 낚시 용품을 함부로 버리고 가는 경우가 많단다. 새들이 낚싯줄이나 바늘에 걸리면 치명적이지. 새들의 서식처를 보호해야 하는데 일부 사람들 때문에 이런 일이 종종 생긴단다."

아저씨는 안타까운 표정을 지었다.

"나쁜 사람들 같으니라고. 불법 낚시를 하는 사람들이 아직도 있다니……."

아빠도 속상해했다.

"새들의 서식지가 위험해지면, 습지에 오지 않을 수 있겠네요."

"그렇지! 새들이 오지 않으면 생물이 감소되고, 결국 생태계 균형이 깨질 수 있단다. 최악의 상황까지 가지 않기 위해 우리가 노력해야겠지."

아저씨는 내 머리를 쓰다듬었다.

"너희가 저어새를 발견하지 못했으면 삵이나 뱀이 먹었을 거야. 저어새를 구조하는 데 도움을 줘서 고마워. 동물을 사랑하고 보호하는 모습이 참 멋지구나!"

갑작스러운 아저씨의 칭찬이 조금 머쓱해 뒷머리를 긁적거렸다. 저어새의 서식지인 습지를 아끼고 사랑해야겠다는 생각이 들긴 했지만 말이다. 환경부에서 매년 생태계의 다양성을 보전하고 있는 습지를 탐방하고 보전 활동에 참여할 습지 지킴이를 모집한다. 올해 습지 지킴이를 모집하는 기간이 지났으니 내년에는 꼭 도전해야겠다.

우리는 캠핑카로 돌아와 삼촌이 찍은 사진과 영상을 봤다. 저어새가 먹이 사냥하는 것을 시작으로 하늘을 날아가는 모습까지 촬영한 사진과 영상이 꽤 많았다. 확대해서 찍은 사진이라 저어새 모습이 더 선명했다. 삼촌이 카메라에 담긴 새 사진을 넘길 때마다 나와 가영이는 감탄했다. 사진 속 저어새가 우리를 보고 싱긋 웃는 것 같았다.

캠핑카를 타고 집으로 돌아가는 길이 왜 이렇게 가슴이 설레는지 주체할 수 없었다. 엄마는 우리를 위해 떡볶이 파티를 준비해 놓을 것이다. 떡볶이는 우리 가족이 제일 좋아하는 음식이다. 특별한 날이면, 우리 가족은 전골냄비에 팔팔 끓인 국물 떡볶이를 도란도란 둘러앉아 이야기를 나누며 먹는다. 엄마표 특별 소스와 다양한 재료를 넣고 만들어서 골라 먹는 재미가 쏠쏠하다. 매콤달콤하고 쫄깃한 떡볶이를 먹을 생각을 하니 벌써 침이 고였다.

'엄마한테 이번 미션 내가 다 찾았다고 말해야지, 〈살아 있는 과학 탐구 보고서〉 쓴 것도 보여 주고.'

차창 밖으로 보이는 달빛이 너무 밝았다. 달빛 옆에 최신형 핸드폰을 들고 활짝 웃고 있는 내 모습이 어른거렸다.

 **짤 나갈 유튜버의 캠핑 사이언스** 저어새 주요 번식지

1 구독자 여러분, 기쁜 소식을 알려 드리겠습니다. 드디어 저어새를 만났습니다. 넓적한 검은 부리로 물속을 휘적휘적 젓는 모습이 얼마나 신기하던지.

2 자, 지금부터 저어새 주요 번식지를 소개해 드리겠습니다. 남동유수지 저어새섬입니다. 이곳은 인천광역시 남동구 고잔동에 있습니다. 저어새 번식지 중 가장 쉽게 저어새를 관찰할 수 있는 곳입니다.

3 다음은 구지도입니다. 이곳은 인천광역시 연평도 옆에 위치한 곳입니다. 국내 최대 저어새 번식지입니다.

4 수하암입니다. 인천광역시 영종도 인근에 위치한 작은 바위섬입니다. 섬의 면적이 매우 좁아 번식하는 저어새는 최대 50쌍 내외입니다. 인근 갯벌의 간척으로 인하여 저어새의 생활 환경이 점점 나빠지고 있어요. 쥐나 수리부엉이가 찾아와 저어새가 피해를 입고 있습니다.

112

 살아 있는 과학 체험 보고서 우리나라 습지 지도

| 년   월   일   요일 |  |

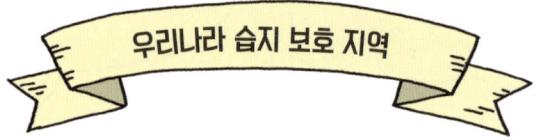

우리나라 습지 보호 지역

 **람사르 협약**

1971년 2월 이란 람사르에서 습지의 보전과 지속 가능한 이용을 위해 맺은 국제적 협약이야. 협약은 국경을 초월해 이동하는 물새를 국제 자원으로 규정하고 있어.

람사르 협약의 정식 명칭은 '물새 서식지로서 국제적으로 중요한 습지에 관한 협약'이야. 람사르 협약에 가입한 국가는 습지를 보전하는 정책을 의무화하고 있지.

우리나라는 90년대 중반까지 습지의 중요성이 잘 알려지지 않았고, 1997년 7월 101번째로 가입했어. 2023년 기준 대암산 용늪, 우포늪, 신안장도 산지습지 등 26개의 국내 습지가 람사르 습지로 지정되어 있어.

115

에필로그

습지 탐방 도장 깨기

폭염 주의보가 내렸다. 푹푹 찌는 날씨에 선풍기를 끌어안고 있었다. 매미들이 어찌나 시끄럽게 우는지 귀가 먹먹했다. 환경시에서 주최하는 생태 관찰 탐구 보고서 대회 결과가 드디어 발표 났다. 아침부터 수시로 엄마 핸드폰으로 확인했었는데, 결과는 아쉬웠다.

1등, 최우수상만 받을 수 있는 핸드폰을 받을 사람은 내 이름이 아니었다. 눈을 여러 번 깜박이며 확인했지만, 내 이름은 두 번째 줄에 우수상 한가람이라고 나왔다.

"우수상 한가람! 와! 엄마는 우리 가람이가 얼마나 기특한지 몰라. 진짜 축하해! 우리 아들."

엄마는 나를 힘껏 끌어안으며 기뻐했다.

"아니, 그 어려운 관찰 탐구 보고서를 몇 날 며칠을 밤 늦게까지 쓰더니, 역시, 누구를 닮아서 그렇게 똑똑한지."

눈을 동그랗게 뜬 아빠 얼굴에는 미소가 가득했다.

"습지 공부도 하고, 저어새에 대한 자료까지 찾아보더니, 가람이 멋진데?"

삼촌이 웃으며 엄지손가락을 치켜세웠다.

"오! 오빠, 대단한데?"

가영이까지 놀라워했다.

우리 가족은 내가 속상해하고 실망할 시간조차 주지 않았다. 우수상을 받은 건 대단한 일이라며 축제 분위기였다. 하긴, 내가 전국 대회에 출전해서 상을 받은 건 처음 있는 일이니 놀랄 만한 일이기는 하다.

"가람아, 최신형 핸드폰! 삼촌이 선물할게."

삼촌이 핸드폰을 사 주겠다고 선언했다. 삼촌이 찍은 저어새 영상으로 구독자가 많이 증가할 거라 기대했지만 그렇지 못했다. 그런데 쌍안경 사용 방법부터 찍기 어려운 저어새 영상까지 도움을 많이 받았다는 칭찬의 댓글이 가득했다. 구독자 수가 저조해 의기소침했다는 삼촌은 용기를 얻었다며 이 모든 건 내 덕분이라고 했다.

최신형 핸드폰을 받을 생각을 하니 기분이 좋아졌다. 습지 캠핑을 다녀온 이후 핸드폰 없이 지냈다. 오래된 핸드폰이라 액정도 나가고 고치려면 수리비가 더 들었기 때문이다. 이참에 엄마가 최신형 핸드폰은 아니지만 새 핸드폰을 사 준다고 했었는데. 꾹! 참고 있길

잘했다.

"가람아, 이번 대회에서 상을 받은 학생은 습지 지킴이로 임명한다는데?"

엄마가 환경부에서 받은 메시지를 확인하면서 말했다.

"진짜요?"

이런 상황을 보고 말하는 대로 이루어진다고 하나? 낚싯줄에 고통받고 있는 저어새를 보면서 습지 지킴이를 하고 싶다고 했었는데. 습지 지킴이 활동가는 더 많은 국내 습지를 탐방하는 기회가 주어진다. 우리나라의 다양한 습지를 탐방하며 습지 보전을 위해 노력하는 한가람이 될 것이다.

장항습지

경기 고양시 일산동구 장항동 516

◆

우리나라 4대 강 중 유일하게 강 하구가 둑으로 막혀 있지 않아 강물과 바닷물이 만나는 곳이에요. 자유로 근처로 서울과 수도권에서 쉽게 접근할 수 있어요. 오랜 세월 동안 군사 보호 지역으로 지정돼 일반인 출입이 제한되었던 곳이라 생태계가 잘 보존되었어요. 우리나라 최대 버드나무 군락지이자 겨울 철새의 월동지로 유명해요. 천연기념물인 재두루미와 큰기러기 등을 볼 수 있어요.

대암산 용늪

강원특별자치도 인제군 서화면 서흥리 산170

◆

우리나라에서 유일한 고층 습원이에요. 고층 습원이란 식물 군락이 발달한 산 위의 습지를 말해요. 1997년 대한민국 최초 람사르 습지로 등록되었어요. 용늪 자체가 산 정상 부근에 위치해 주변 경관도 뛰어나요. 가장 다양한 생물을 볼 수 있는 적절한 시기는 8월이고요. 특이한 지형과 기후로 끈끈이주걱이나 비로용담 같은 희귀 식물을 볼 수 있어요.

우포늪

경남 창녕군 유어면 대대리
◆
우리나라에서 가장 큰 자연 내륙 습지예요. 늪 바닥에는 수천만 년 전부터 쌓여진 이탄층이 있어요. 2018년 10월에는 세계 최초 람사르 습지 도시 인증을 받았어요. 우포늪 일대에는 800여 종의 식물이 분포하며 다양한 생태계를 가지고 있어요. 우포늪 생태관에서 다양한 전시와 체험 프로그램을 통해 우포늪에 대해 쉽게 이해할 수 있어요.

한반도습지

강원도 영월군 한반도면 옹정리
◆
평창강과 주천강 합류부에 자연적으로 생성된 내륙 습지예요 지형의 모양이 한반도를 닮았기에 한반도습지라고 불러요. 2015년 국제 람사르 습지에 등록되었어요. 멸종 위기 야생 생물 2급 붉은배새매와 천연기념물인 어름치를 비롯한 다양한 생물을 관측할 수 있어요. 생태 탐방로를 따라 한반도습지 전망대까지 오르면서 전체적인 전경을 전망할 수 있어요..

무제치늪

울산광역시 울주군 삼동면 조일리

◆

2007년 람사르 습지로 등록되었고 우리나라에서 가장 오래된 산지 습지예요. 6000년 전에 생성된 것으로 추정해요. 4개의 산지늪으로 구성되어 있고 그 규모와 보존 상태, 경관이 우수하여 보존 가치가 높아요. 멸종 위기 야생 동물 2급인 꼬마잠자리 서식지로도 알려져 있어요. 근무자에게 허락을 받아야지만 입장할 수 있어요.

두웅습지

충남 태안군 신두해변길 291-30

◆

2007년 람사르 습지로 등록되었어요. 사구(모래 언덕)는 해안가의 모래가 바람에 날려 형성되며, 사구 뒤편 낮은 지역은 물이 고여 습지가 되었어요. 두웅습지 일대는 두릉개 또는 두능개라는 이름으로 불려요. 두 마리 용이 나온 곳이라는 전설에서 유래한 것으로 전해요. 멸종 위기의 맹꽁이, 금개구리와 천연기념물 황조롱이도 살고 있어요.

제주 물영아리 오름습지

제주 서귀포시 남원읍 수망리

◆

항상 물이 마르지 않는 화구호(화산 분화구가 막혀 물이 고여 만들어진 호수)를 가진 오름이에요. 세모고랭이, 물고추나물 등의 습지 식물이 있고 환경부 지정 멸종 위기종인 물장군, 맹꽁이를 비롯한 수서 곤충 18종을 포함한 다양한 생물이 살아요.

제주 동백동산습지

제주시 조천읍 선흘리

◆

2011년 람사르 습지에 등록되었고 유네스코 세계 지질 공원 대표 명소로 지정되었어요. 1만여 년 전 형성된 용암 지대 위에 생긴 숲 곶자왈은 비가 오면 습지가 형성돼요. 남한 최대의 상록 활엽수림 지대이며 남방계 식물과 북방계 식물이 함께 자생하는 독특한 생태계를 보유하고 있어요. 1월부터 6월까지 동백꽃을 피운 동백나무를 볼 수 있어요.

오대산 국립공원습지

강원 강릉시 연곡면 삼산리

◆

소황변산늪, 질뫼늪, 조개동늪 이상 3개의 습지를 말해요. 2008년 람사르 습지에 등록되었어요. 고산 지대에 위치하며 물이 연중 유입되기 때문에 일정량의 물을 유지할 수 있어요. 멸종 위기 야생 동물 2급인 삵과 말똥가리를 포함한 다양한 종들이 살아가고 있어요. 전문가와 함께 습지 내 동식물을 조사하는 람사르 습지 탐사대를 매년 4월에 모집해요.

운곡습지

전북 고창군 아산면 운곡리

◆

해발 고도가 낮은 구릉지에 형성된 습지이며 2011년 람사르 습지로 선정되었어요. 운곡습지가 위치한 오베이골은 고창 고인돌이 2000년 세계 문화 유산에 등록되면서 사람들의 접근이 힘들게 되었어요. 이후 30년의 기간 동안 이 지역에는 원시 밀림과 같은 모습의 습지가 형성되었어요. 멸종 위기 야생 동물 1급인 황새, 2급인 새홀리기와 팔색조가 관찰되어요. 860종에 이르는 다양한 동식물이 살아가고 있어요.

소중한 습지를 어떻게 지키지?

증도갯벌

전라남도 신안군 증도면

◆

대형 저서 동물(바다, 늪, 하천, 호수 따위의 밑바닥에서 사는 생물)이 100종 이상 출현하여 그 보전 가치를 인정받아 2011년 람사르 습지에 등록되었어요. 생물 다양성이 풍부하며 모래 해변, 해안 절벽, 염전 등 해양 경관이 우수해요. 봄과 가을에 도요새와 물떼새류의 중간 기착지로 중요한 역할을 해요. 현재도 계속 만들어지고 있는 세계 유일의 '현재 진행형' 갯벌이에요.

순천만 보성갯벌

전라남도 순천시 별량면 마산리

◆

세계 5대 연안 습지 중 하나인 순천만, 보성 갯벌은 금강에서 시작한 갯벌 퇴적물의 이동이 최종적으로 마무리되는 곳이에요. 2006년 람사르 습지로 등록되었고 2018년 람사르 습지 도시로 선정되었어요. 세계 자연 보전 연맹 적색 목록 취약종인 흑두리의 최대 월동지면서 동시에 25종의 국제 희귀종 조류가 갯벌을 찾아요. 순천만에 살고 있는 조류를 관찰할 수 있는 공간과 천문대가 있어 다양한 경험을 할 수 있어요.

대부도갯벌

경기도 안산시 대부도

◆

2018년 람사르 습지에 등록되었어요. 다양한 염생 식물 군락지와 멸종 위기 야생 동물 2급 해양 생물 등 다양한 종이 서식하고 있어요. 천연기념물과 멸종 위기 물새 5종을 포함한 바닷새들의 이동 경로로 중요한 역할을 해요. 조개 캐기와 갯벌 썰매 타기 등 다양한 체험이 가능하기 때문에 실감나게 갯벌을 경험할 수 있어요.

무안갯벌

전라남도 무안군 현경면과 해제면

◆

자연 침식된 토양과 사구의 영향으로 생성되었어요. 2008년 람사르 습지에 등록되었어요. 갯벌 가장자리에는 수 미터 높이의 해안 절벽이 발달되었고 얕은 수심과 복잡한 해안선과 같은 다양한 형태의 지형을 볼 수 있어요. 보호 대상 종인 알락꼬리마도요와 흰목물떼새가 서식하며 다양한 저서 동물을 관찰할 수 있어요. 사진은 무안 갯벌의 중부리도요와 큰뒷부리도요, 뒷부리도요예요.

와~ 친구들~

이미지 제공

53 금개구리 : 셔터스톡
54 금개구리 : 박선영
98 저어새 : 셔터스톡
112 남동유수지 : 심은주, 조경오(물새네트워크)
　　　구지도, 수하암 : 조경오(물새네트워크)
113 칠산도 : 영광군 · 각시암 : (사)에코코리아
　　　매도 : 조경오(물새네트워크)
121 장항습지 : 박평수(사회적협동조합 한강)
　　　대암산 용늪 : 지금 여기(블로거)
122 우포늪 : (사)에코코리아 · 한반도습지 : 이상미

123 무제치늪 : 양해근(환경재해연구소)
　　　두웅습지 : 솜소리(블로거)
124 제주 물영아리 오름습지 : 그린매일
　　　제주 동백동산습지 : 그린매일
125 오대산 국립공원 습지 : 오대산 국립공원
　　　운곡지 : 이선주
126 증도갯벌 : 신안 문화유산과
　　　순천만, 보성갯벌 : (사)에코코리아
127 대부도갯벌 : 박평수(사회적협동조합 한강)
　　　무안갯벌 : 무안군

캠핑카 사이언스 습지 탐험 편

1판 1쇄 발행일 2024년 10월 30일

글 최부순　그림 조승연　감수 이정모
펴낸곳 (주)도서출판 북멘토　펴낸이 김태완
편집주간 이은아　책임편집 이상미　편집 김경란, 조정우　디자인 행복한물고기, 안상준
마케팅 강보람, 염승연
출판등록 제6-800호(2006. 6. 13)
주소 03990 서울시 마포구 월드컵북로 6길 69(연남동 567-11) IK빌딩 3층
전화 02-332-4885　팩스 02-6021-4885

🔺 bookmentorbooks.co.kr　✉ bookmentorbooks@hanmail.net
📷 bookmentorbooks__　📝 blog.naver.com/bookmentorbook

ⓒ 최부순 · 조승연, 2024

※ 잘못된 책은 바꾸어 드립니다.
※ 이 책은 저작권법에 따라 보호를 받는 저작물이므로 무단 전재와 무단 복제를 금합니다.
※ 이 책의 전부 또는 일부를 쓰려면 반드시 저작권자와 출판사의 허락을 받아야 합니다.
※ 책값은 뒤표지에 있습니다.

ISBN 978-89-6319-607-7 74400
　　　978-89-6319-568-1 74400(세트)

KC 인증 유형 공급자 적합성 확인　제조국명 대한민국　사용연령 8세 이상
KC마크는 이 제품이 공통안전기준에 적합하였음을 의미합니다.
종이에 베이거나 책 모서리에 다치지 않도록 주의하세요.